Domenico de Falco
Seconda Università degli studi di Napoli

Giandomenico Di Massa **Stefano Pagano**
Università degli studi di Napoli "Federico II"

Teoria dei vettori

Titolo originale:
TEORIA DEI VETTORI
Domenico de Falco, Giandomenico Di Massa, Stefano Pagano

Stampato presso LULU.COM
per conto di:
DIII – via Roma, 29 – 81031 Aversa (CE)
Tel.: 081 – 5010203
ISBN #: 978-1-291-72547-6
ID del contenuto: 14058061

ISBN 978-1-291-72547-6
90000
9 781291 725476

Teoria dei vettori

Sommario

Indice delle figure

Il concetto di vettore e la relativa teoria nascono con lo scopo di modellare in maniera attendibile il comportamento di alcune grandezze nei fenomeni fisici. Esempi comuni sono grandezze come la posizione, la velocità o l'accelerazione di un punto o la forza applicata in un punto.

Si distinguerà tra vettori liberi e vettori applicati.

1. VETTORI LIBERI

1.1. *SEGMENTO ORIENTATO. CLASSE DI SEGMENTI EQUIPOLLENTI*

Dato lo spazio vettoriale S_3 e 2 punti distinti A e B con $A \neq B$, si individua una entità (geometrica ossia un insieme di punti) detta segmento che può orientarsi, per esempio da A verso B (nel senso che l'estremo B segue A), caratterizzato da 4 proprietà:

$$\begin{array}{ll} 1) & \textit{lunghezza} \\ 2) & \textit{direzione} \\ 3) & \textit{verso} \\ 4) & \textit{punto di applicazione} \end{array} \tag{1}$$

L'entità segmento orientato, di punto iniziale A ed estremo libero B, appena definita si indica con $B - A$. La sua lunghezza si indica con $|AB|$ (Fig. 1).

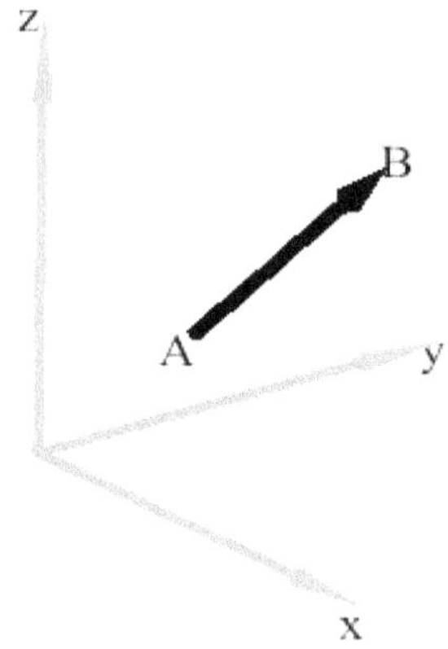

Fig. 1: Segmento orientato nello spazio tridimensionale

Una nuova entità può ottenersi considerando ancora un segmento dello spazio S_3 di estremi A e B distinti, dotato solo delle proprietà 1), 2) e 3) indicate nella (1), ottenuta cioè sopprimendo il punto di applicazione dall'ente segmento orientato. Tale entità è la cosiddetta "classe degli ∞^3 segmenti orientati equipollenti ad $\overrightarrow{AB}$ che si indicherà con il simbolo σ_{AB}.

Pertanto si diranno equipollenti 2 segmenti aventi la stessa direzione, lo stesso verso e la stessa lunghezza.

Si precisa che per direzione s'intende la caratteristica comune di un insieme di rette parallele (che in geometria va sotto il nome di punto improprio di una retta).

Se $A \equiv B$ si ottiene il segmento orientato nullo che, per definizione, ha lunghezza nulla ($|AB| = 0$) e direzione e verso indeterminati.

1.2. VETTORI LIBERI

Si definisce vettore libero $\mathbf{u}$ un'entità (non per forza geometrica) caratterizzata dalle proprietà:

$$\begin{aligned} &1)\ \textit{lunghezza} \\ &2)\ \textit{direzione} \\ &3)\ \textit{verso} \end{aligned} \tag{2}$$

Pertanto, detti Σ l'insieme di tutte le classi di ∞ segmenti equipollenti dello spazio S_3, cioè posto $\Sigma = \{\sigma_{AB}\}_{\forall A,B}$ (n.b. il singolo elemento σ_{AB} dell'insieme Σ è un'intera classe di segmenti equipollenti), e $V = \{\mathbf{v}_j\}_{\forall j=1..\infty}$ l'insieme degli infiniti vettori dello spazio, vi è una corrispondenza invertibile tra gli insiemi Σ e V. Ciò vuol dire che $\forall \sigma_{AB} \in \Sigma \leftrightarrow \mathbf{v} \in V$ cioè ad ogni classe di segmenti equipollenti σ_{AB} di Σ corrisponde un vettore $\mathbf{v}$ di V e viceversa e, pertanto, un generico vettore $\mathbf{v}$ può rappresentarsi geometricamente con uno qualsiasi degli infiniti segmenti orientati equipollenti appartenenti all'intera classe σ_{AB} corrispondente a $\mathbf{v}$. La corrispondenza si estende al vettore nullo.

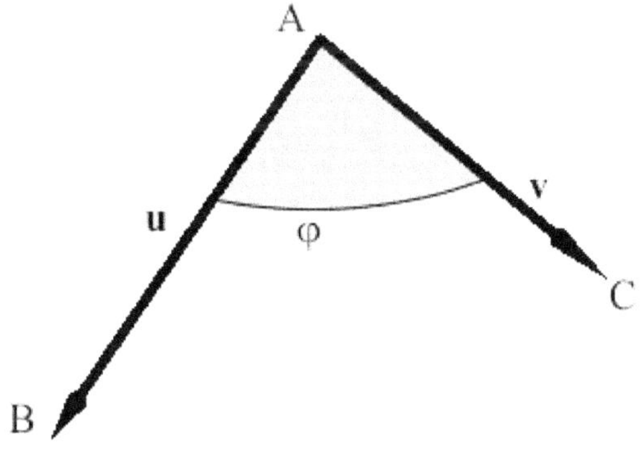

Fig. 2: Angolo tra 2 vettori

Si osservi che non ha senso allora parlare di un vettore libero appartenente ad un piano, poiché ad un vettore libero corrispondono infiniti segmenti equipollenti.

1.2.1. Uguaglianza di 2 vettori

I vettori $\mathbf{u}$ e $\mathbf{v}$ sono uguali, e si scriverà $\mathbf{u}=\mathbf{v}$, se sono entrambi nulli ($\mathbf{u}=\mathbf{0}$, $\mathbf{v}=\mathbf{0}$) oppure se sono entrambi non nulli ($\mathbf{u}\neq\mathbf{0}$, $\mathbf{v}\neq\mathbf{0}$) ed hanno la stessa lunghezza, la stessa direzione e lo stesso verso.

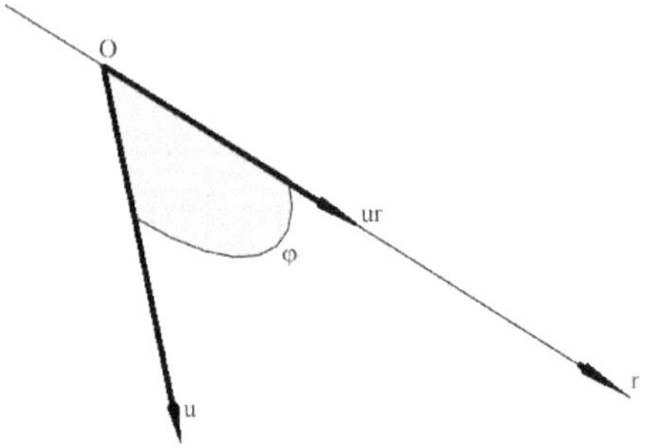

Fig. 3: Angolo tra un vettore ed una retta orientata

1.2.2. Versore di un vettore

Dato un vettore $\mathbf{u}$ si dice versore di $\mathbf{u}$, e si indica con $vers(\mathbf{u})$, il vettore di lunghezza unitaria avente la direzione orientata di $\mathbf{u}$.

1.2.3. Angolo di 2 vettori

Dati i vettori $\mathbf{u}$ e $\mathbf{v}$ e detto A un qualsiasi punto di R_3, sia $\mathbf{u}$ rappresentato da $(B-A)$ e $\mathbf{v}$ da $(C-A)$. Per angolo φ tra $\mathbf{u}$ e $\mathbf{v}$ si

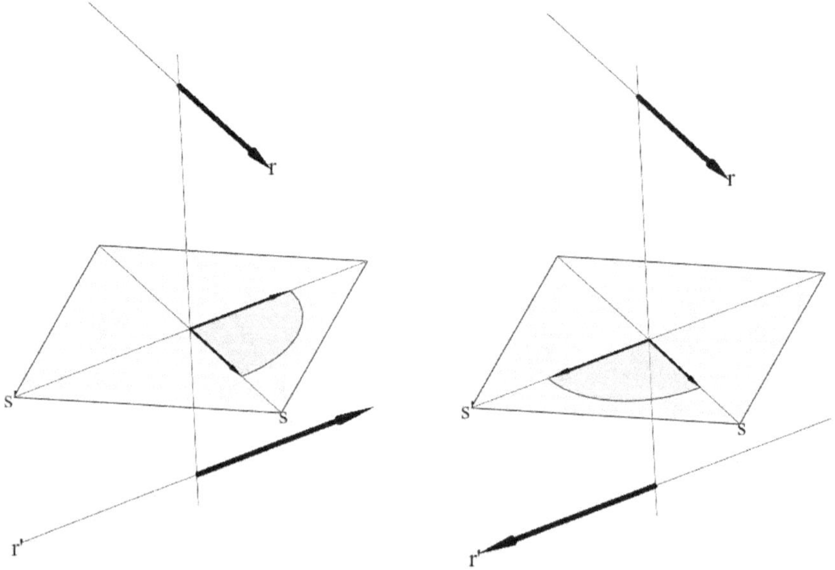

Fig. 4: Angolo tra 2 rette orientate

intende l'angolo concavo tra le rette cui appartengono i segmenti orientati $(B-A)$ e $(C-A)$ (Fig. 2).

1.2.4. Angolo di un vettore u con una retta orientata.

Siano assegnati una retta r orientata ed un vettore $\mathbf{u}$ rappresentato dal segmento orientato $(A-O)$, con O punto qualsiasi di r (Fig. 3). Detto $\mathbf{u}_r$ il versore di r (il vettore di modulo unitario e avente la direzione orientata di r), si definisce angolo tra $\mathbf{u}$ ed r, l'angolo tra $\mathbf{u}$ ed $\mathbf{u}_r$.

1.2.5. Angolo di due rette orientate dello spazio.

Siano date 2 rette orientate dello spazio r ed r', in generale sghembe. L'angolo che esse formano è l'angolo che formano i versori di 2 rette s ed s', complanari ed equiverse ad r ed r' e pertanto incidenti (Fig. 4).

1.2.6. Il componente di un vettore su una retta.

Dato il vettore $\mathbf{u}$ rappresentato dal segmento orientato AB e la retta r (Fig. 5), si definisce *il* componente di $\mathbf{u}$ su r il vettore $\mathbf{u}_r$ rappresentato dal segmento orientato $\Sigma = \{(A_i, \mathbf{u}_i)\}_{i=1,..,n}$ i cui estremi A' e B' sono ottenuti rispettivamente dalle proiezioni di A e B su r.

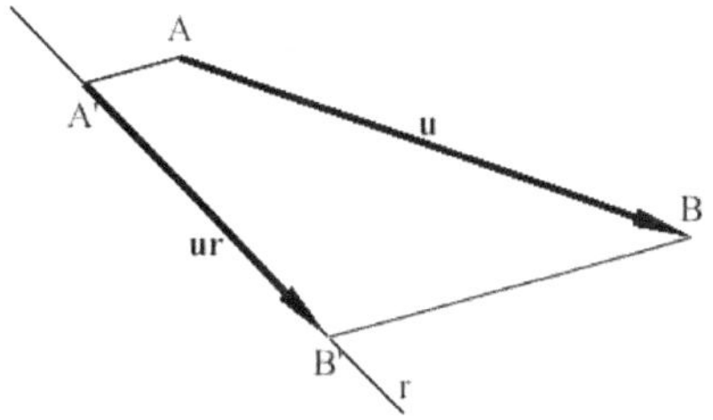

Fig. 5: Il componente di un vettore u su una retta r

1.2.7. La componente di un vettore su una retta orientata.

Data la retta orientata r ed il vettore $\mathbf{u}$ rappresentato da $(B-A)$ si consideri il componente (vd parag. 1.2.6) $\mathbf{u}_r$ di $\mathbf{u}$ su r (orientata). Si definisce *la* componente di $\mathbf{u}$ su r, il numero (scalare) ottenuto dal modulo $|\mathbf{u}_r|$ preceduto dal segno "+" o dal segno "-" a seconda che $\mathbf{u}_r$ sia concorde o discorde con r (orientata).

Tale numero si indica con u_r ed è pertanto:

$u_r = +|\mathbf{u}_r|$ nel caso di Fig. 6a), e

$u_r = -|\mathbf{u}_r|$ nel caso di Fig. 6b).

Facendo riferimento alla definizione appena data si dirà componente di un vettore $\mathbf{u}$ su un vettore $\mathbf{v}$, e la si indicherà con u_v, la componente del vettore $\mathbf{u}$ sulla retta di direzione orientata di $\mathbf{v}$.

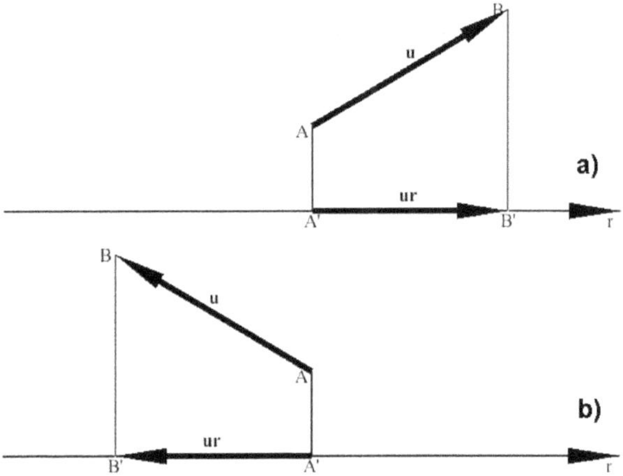

Fig. 6: La componente di un vettore u su una retta orientata r

Osservazione: dati due vettori $\mathbf{u}$ e $\mathbf{v}$ con $\mathbf{u} = \mathbf{v}$ anche le loro componenti su una qualsiasi retta orientata r sono uguali. Cioè $\forall r$ orientata $\forall \mathbf{u} = \mathbf{v} \Rightarrow u_r = v_r$.

L'implicazione inversa invece non è vera cioè, in generale, $u_r = v_r \not\Rightarrow \mathbf{u} = \mathbf{v}$ (Fig. 7). Si può solo dire che se $u_r = v_r$ gli estremi B e C dei due segmenti rappresentativi di $\mathbf{u}$ e $\mathbf{v}$, uscenti dallo stesso punto A, hanno la stessa proiezione ortogonale su r. Da questa osservazione segue però che, se r_1, r_2, r_3 sono 3 rette orientate non tutte parallele allo stesso piano π, le uguaglianze $u_{r_i} = v_{r_i}$ $i = 1,2,3$ implicano $\mathbf{u} = \mathbf{v}$. Pertanto condizione necessaria e sufficiente affinché 2 vettori siano uguali, è che risultino uguali le loro componenti, a due a due, su 3 rette orientate non tutte parallele allo stesso piano, e cioè:

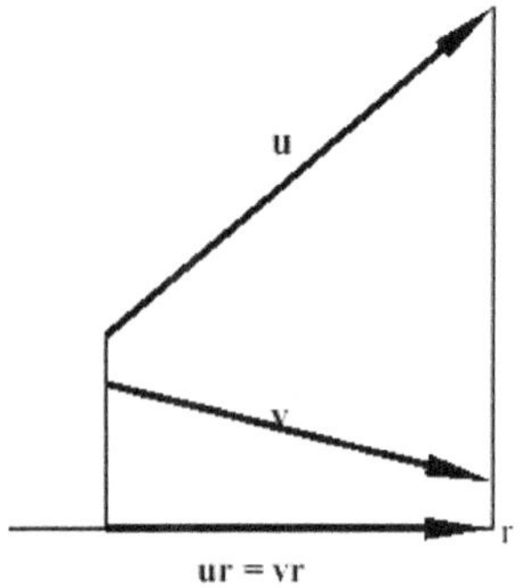

Fig. 7: Vettori diversi con uguale componente

$$\exists r_i \ i = 1\ldots3 \text{ orientate non tutte } // \ \pi \ (\forall \pi) \Leftrightarrow \mathbf{u} = \mathbf{v}$$

Tale teorema, riduce l' uguaglianza vettoriale a 3 uguaglianze scalari.

Sua conseguenza è che un vettore è nullo, se e solo se sono nulle le sue componenti lungo 3 rette orientate non tutte parallele allo stesso piano.

1.3. *ALGEBRA DEI VETTORI*

1.3.1. Prodotto di uno scalare per un vettore

Sia m un numero reale, cioè $m \in R$ ed $\mathbf{u}$ un vettore. Si definisce prodotto dello scalare m per il vettore $\mathbf{u}$, un vettore $\mathbf{w}$ che ha le seguenti caratteristiche:

a. lunghezza o modulo: $|\mathbf{w}| = |m||\mathbf{u}|$

b. direzione di $\mathbf{w}$ uguale a quella di $\mathbf{u}$

c. verso concorde con $\mathbf{u}$ se $m > 0$; discorde a da $\mathbf{u}$ se $m < 0$.

Quindi se $\mathbf{w} = m\mathbf{u}$, è $|\mathbf{w}| = |m||\mathbf{u}|$.

In particolare per $m = -1$ si ha $\mathbf{w} = -1 \cdot \mathbf{u} = -\mathbf{u}$ e cioè il vettore opposto di $\mathbf{u}$.

Le proprietà del prodotto di uno scalare per un vettore sono

i) data una retta r, è $(m \cdot \mathbf{u})_r = m \cdot \mathbf{u}_r$. Se r è orientata è allora $(m \cdot \mathbf{u})_r = m \cdot u_r$

ii) $m(m'\mathbf{u})_r = (mm')\mathbf{u}_r$

Con l'operazione appena definita si può allora scrivere:

$$vers\,\mathbf{u} = \frac{\mathbf{u}}{|\mathbf{u}|} \tag{3}$$

Infatti per $m = \frac{1}{|\mathbf{u}|}$ si ha: $m\mathbf{u} = \frac{1}{|\mathbf{u}|}\mathbf{u}$ e, pertanto, il vettore $\frac{1}{|\mathbf{u}|}\mathbf{u}$ ha le seguenti caratteristiche (vd. a, b, c):

- lunghezza $\frac{1}{|\mathbf{u}|}|\mathbf{u}| = 1$
- direzione di $\mathbf{u}$

· verso di $\mathbf{u}$ essendo $m = \frac{1}{|\mathbf{u}|} \geq 0$.

1.3.2. Somma di un punto ed un vettore

La definizione dell'operazione somma di un punto ed un vettore prende spunto dalla seguente osservazione. Si considerino due vettori uguali $\mathbf{u}$ e $\mathbf{v}$ rappresentati geometricamente rispettivamente dai segmenti orientati $(B-A)$ e $(D-C)$ (Fig. 8).

E' così individuato il parallelogramma $ABCD$ in cui, essendo

$$(B-A)=(D-C) \tag{4}$$

è, geometricamente (come si vede ancora dalla Fig. 8)

$$\begin{aligned} A-C &= B-D \\ C-A &= D-B \end{aligned} \tag{5}$$

Guardando le relazioni (5) da un punto di vista algebrico, si osserva che dall'uguaglianza (4) derivano entrambe le (5) semplicemente trattando i punti (dotati di segno) come scalari, trasportandoli da un lato all'altro dell'uguaglianza stessa cambiandone il segno.

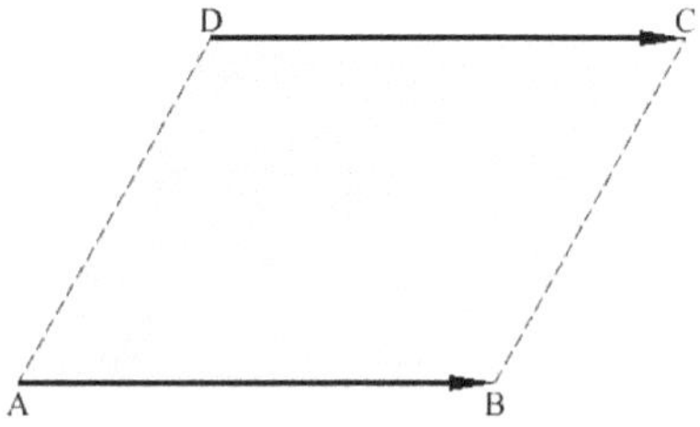

Fig. 8: Somma di un punto ed un vettore

Pertanto, trattando la relazione $\mathbf{u} = B - A$ algebricamente, e cioè portando al primo membro dell'uguaglianza A, si ottiene:

$$B = A + \mathbf{u} \tag{6}$$

Tale relazione avrà significato se viene data la seguente definizione:

si dice somma del punto A e del vettore $\mathbf{u}$, il punto B, secondo estremo del segmento orientato AB rappresentativo del vettore $\mathbf{u}$ uscente da A.

1.3.3. Somma o risultante di più vettori

Assegnati i vettori liberi $\mathbf{u}_1, \mathbf{u}_2, \ldots, \mathbf{u}_n$ rappresentati dai segmenti $\mathbf{u}_i = A_i - A_{i-1} \quad \forall i = 1 \ldots n$, si ottiene la poligonale aperta sghemba $A_0, A_1, \ldots, A_n$ cui si può far corrispondere il segmento orientato di chiusura $A_n - A_0$ (Fig. 9). Ora, tale segmento orientato è equipollente a quello di chiusura di qualsiasi altra poligonale a sua volta equipollente a quella di partenza. Cioè, se si costruisce un'altra poligonale rappresentativa dei vettori $\mathbf{u}_1, \mathbf{u}_2, \ldots, \mathbf{u}_n$, partendo da un segmento $\mathbf{u}_1 = A_1' - A_0'$ equipollente a $A_1 - A_0$, proseguendo quindi usando gli altri $\mathbf{u}_i = A_i' - A_{i-1}'$ equipollenti a loro volta ai rispettivi $A_i - A_{i-1}$, tale poligonale $A_0' A_1' \ldots A_n'$ è equipollente alla $A_0, A_1, \ldots, A_n$ e, pertanto, il suo segmento di chiusura $A_n' - A_0'$, è equipollente a sua volta a $A_n - A_0$. Allora, per quanto appena detto, l'operazione di chiusura della poligonale non dipende dai segmenti scelti bensì dai vettori $\mathbf{u}_1, \mathbf{u}_2, \ldots, \mathbf{u}_n$ e, pertanto, si può definire la classe $\sigma_{A_0 A_n}$ degli ∞^3 segmenti orientati equipollenti a $A_n - A_0$. A tale classe di equivalenza corrisponderà, nello spazio di vettori V, uno ed un solo vettore $\mathbf{R}$ che si dirà somma o risultante dei vettori $\mathbf{u}_i \quad i = 1 \ldots n$, e si scriverà:

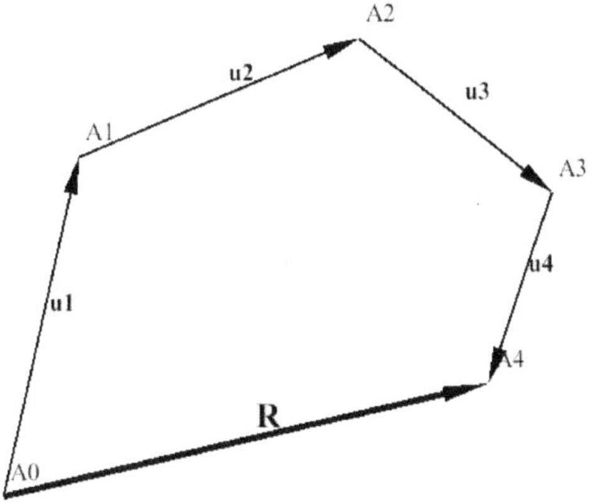

Fig. 9: Risultante di più vettori

$$\mathbf{R} = \mathbf{u}_1 + \mathbf{u}_2 + \ldots + \mathbf{u}_n = \sum_{i=1}^{n} \mathbf{u}_i \tag{7}$$

che in termini di segmenti orientati da luogo a:

$$(A_n - A_0) = (A_1 - A_0) + (A_2 - A_1) + \ldots + (A_n - A_{n-1}) \tag{8}$$

La (8) è conservativa nel senso che, semplificando, si riduce ad un'identità.

Essa si interpreta dicendo che, in un'uguaglianza tra segmenti orientati, i punti che differiscono tra loro solo nel segno possono eliminarsi come se fossero degli ordinari numeri reali.

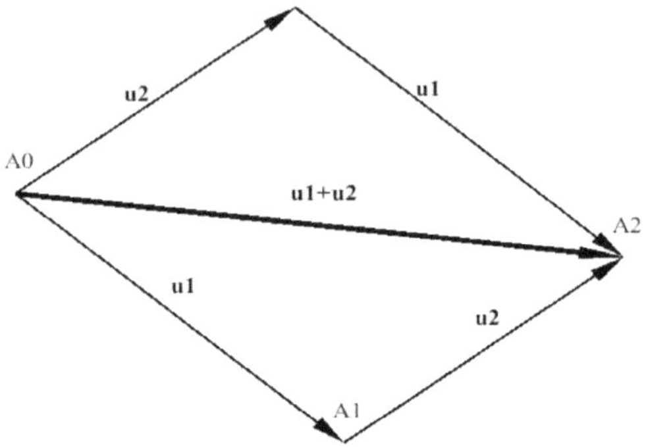

Fig. 10: Risultante di 2 vettori: regola del parallelogramma

1.3.3.a.1. Proprietà del risultante di un insieme di vettori

1. $\forall r$ una retta orientata
$$(\mathbf{R})_r = (\mathbf{u}_1 + \mathbf{u}_2 + \ldots + \mathbf{u}_n)_r = (\mathbf{u}_1)_r + (\mathbf{u}_2)_r + \ldots + (\mathbf{u}_n)_r$$
2. commutativa: $\mathbf{u} + \mathbf{v} = \mathbf{v} + \mathbf{u}$
3. associativa: $\mathbf{u} + (\mathbf{v} + \mathbf{w}) = (\mathbf{u} + \mathbf{v}) + \mathbf{w}$
4. distributiva rispetto alla somma di scalari: $(m + m')\mathbf{u} = m\mathbf{u} + m'\mathbf{u}$
5. distributiva rispetto alla somma di $m(\mathbf{u} + \mathbf{v}) = m\mathbf{u} + m\mathbf{v}$

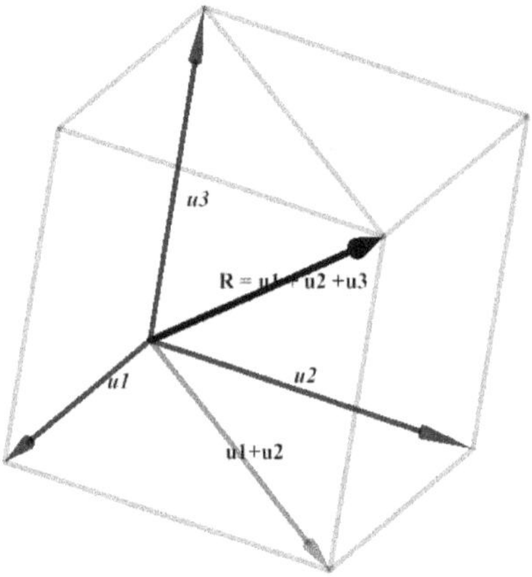

Fig. 11: Risultante di 3 vettori: regola del parallelepipedo

1.3.3.a.2. Risultante di 2 vettori

Applicando la definizione data per la somma di n vettori al caso particolare $n = 2$, si osserva dalla Fig. 10 che, il vettore $\mathbf{R} = \mathbf{u}_1 + \mathbf{u}_2$ è, anche, la diagonale del parallelogramma costruito sui due vettori uscenti dallo stesso punto.

1.3.4. Complanarità di 3 vettori liberi

Dati 3 vettori liberi $\mathbf{u}_1, \mathbf{u}_2$ e $\mathbf{u}_3$, se accade che, rappresentando tali 3 vettori mediante segmenti orientati uscenti da uno stesso punto O essi sono complanari si dirà, per brevità, che anche i 3 vettori sono complanari.

Si osservi che il risultante di 2 vettori è complanare ad essi, cioè se $\mathbf{Q} = \mathbf{u}_1 + \mathbf{u}_2$ allora i 3 vettori $\mathbf{u}_1, \mathbf{u}_2, \mathbf{Q}$ sono complanari. Ciò consegue dal fatto che la somma di 2 vettori è la diagonale del parallelogramma costruito su di essi e pertanto appartiene al piano del parallelogramma stesso.

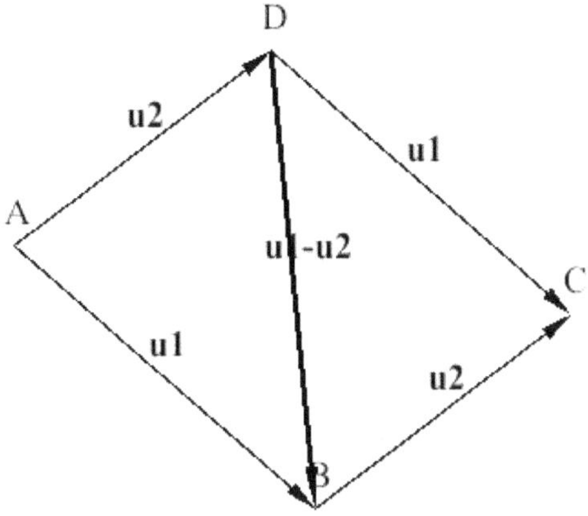

Fig. 12: Differenza di vettori

1.3.5. Somma di 3 vettori

Dati $\mathbf{u}_1, \mathbf{u}_2$ e $\mathbf{u}_3$ la loro somma, che per definizione è il vettore chiusura della poligonale formata da essi, coincide con la diagonale del parallelepipedo individuato dai 3 segmenti orientati rappresentativi di $\mathbf{u}_1, \mathbf{u}_2$ e $\mathbf{u}_3$ uscenti da uno stesso punto O (Fig. 11).

1.3.6. Differenza di 2 vettori

Dati i vettori $\mathbf{u}_1$ e $\mathbf{u}_2$, per loro differenza, e si indica con $\mathbf{u}_1 - \mathbf{u}_2$, si intende la somma di $\mathbf{u}_1$ e dell'opposto di $\mathbf{u}_2$, cioè: $\mathbf{u}_1 - \mathbf{u}_2 = \mathbf{u}_1 + (-\mathbf{u}_2)$. Si osservi che (Fig. 12), se $(B-A)$ è rappresentativo di $\mathbf{u}_1$ e $(C-A)$ di $\mathbf{u}_2$, $(D-A)$, rappresentativo di $\mathbf{M} = \sum_{i=1}^{n} \mathbf{M}_i = \sum_{i=1}^{n} (A_i - T) \wedge \mathbf{u}_i$, è la diagonale principale del parallelogramma costruito su $\mathbf{u}_1$ e $\mathbf{u}_2$, mentre $(B-C)$, ne è diagonale secondaria uscente da C (estremo del minuendo).

1.3.7. Soluzione dell' equazione vettoriale $a\mathbf{x}+\mathbf{u}=\mathbf{v}$ nell'incognita x

Con le definizioni sin qui date, la soluzione dell'equazione $a\mathbf{x}+\mathbf{u}=\mathbf{v}$ nell'incognita $\mathbf{x}$, è banalmente $\mathbf{x}=\frac{1}{a}(\mathbf{v}-\mathbf{u})$

1.3.8. Scomposizione di un vettore

Si vuole risolvere il seguente problema: assegnato il vettore $\mathbf{u}$, trovare i vettori $\mathbf{u}_i \quad i=1\ldots n$, tali che $\mathbf{u}=\mathbf{u}_1+\mathbf{u}_2+\ldots+\mathbf{u}_n=\sum_{i=1}^{n}\mathbf{u}_i$. Il problema non è ben posto se non si specificano ulteriori restrizioni.

Ci si limiterà ad i seguenti 3 casi:

1. assegnate le direzioni d_1 e d_2 con $d_1 \not\parallel d_2$ trovare i vettori componenti $\mathbf{u}_1 // d_1$ e $\mathbf{u}_2 // d_2$ tali che $\mathbf{u}_1+\mathbf{u}_2=\mathbf{u}$.

   Assegnate d_1 e d_2 (Fig. 13), si consideri la retta s_1 di direzione d_1 e la retta s_2 di direzione d_2 che intersechi d_1 in A_0; da quest'ultimo si faccia uscire il vettore $\mathbf{u}$. Sia B l'estremo libero del segmento $(B-A)$ rappresentativo di $\mathbf{u}$. Le parallele a s_1 e s_2, passanti per B individuano, rispettivamente su s_1 e s_2, i punti C e D, estremi dei segmenti $(C-A_0)$ e $(D-A_0)$ rappresentativi dei vettori $\mathbf{u}_1$ e $\mathbf{u}_2$ che si cercavano. Si faccia attenzione al fatto che, il problema ammette soluzione (o, come si dice, è compatibile o consistente), solo quando il vettore $\mathbf{u}$ e le

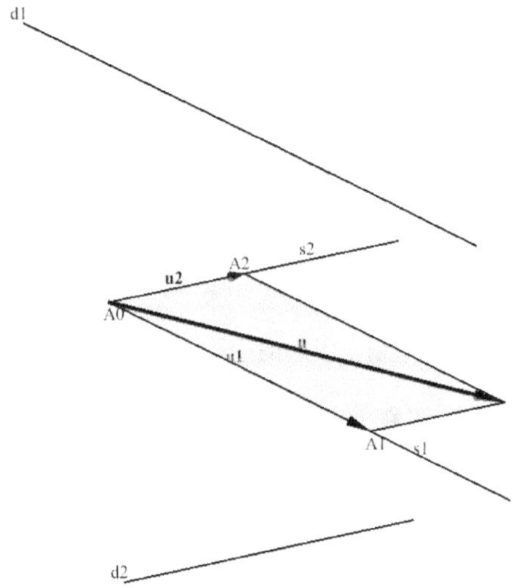

Fig. 13: Scomposizione di un vettore secondo due direzioni assegnate

semirette s_1 e s_2 sono complanari dovendo essere, per definizione, la somma di 2 vettori complanare ai vettori stessi.

Si osservi inoltre che, l'ipotesi di non parallelismo di d_1 e d_2 è necessaria poiché, se ciò non fosse, si avrebbe $s_1 \equiv s_2$ avendo le semirette la stessa origine A_0: in tal caso potrebbe, in alternativa, accadere che $\mathbf{u} \nparallel d_1 \equiv d_2$ e quindi non esserci soluzione, o essere $\mathbf{u} // d_1 \equiv d_2$ ed esserci allora ∞ soluzioni.

2. Assegnato $\mathbf{u}$, si cercano 2 vettori, $\mathbf{u}_1$ di direzione d_1 e $\mathbf{u}_2$ di giacitura α, con $r \notin \alpha$ tali che $\mathbf{u} = \mathbf{u}_1 + \mathbf{u}_2$ (Fig. 14).

   Poiché $r \notin \alpha$, sicuramente r interseca α e quindi esiste un piano π passante per r ed $\mathbf{u}$ che interseca α lungo una retta s. Si ricade così nel caso precedente in quanto $\mathbf{u}$ dev'essere decomposto nei vettori $\mathbf{u}_1$ e $\mathbf{u}_2$ nelle 2 direzioni complanari r ed s.

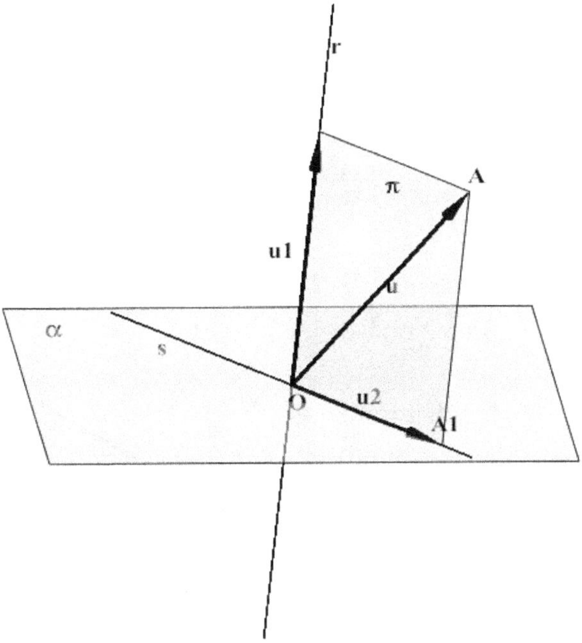

Fig. 14: Scomposizione di un vettore secondo una direzione ed una giacitura assegnate

3. Scomposizione di $\mathbf{u}$ in 3 vettori secondo 3 rette non parallele ad uno stesso piano (Fig. 15).

Si cercano 3 vettori $\begin{cases} \mathbf{u}_1 // r_1 \\ \mathbf{u}_2 // r_2 \\ \mathbf{u}_3 // r_3 \end{cases}$ con r_1, r_2 ed r_3 non parallele ad uno stesso piano, in modo tale che $\mathbf{u}_1 + \mathbf{u}_2 + \mathbf{u}_3 = \mathbf{u}$ (caso del parallelepipedo).

Assegnati $\mathbf{u}$ e le rette r_1, r_2 ed r_3 e scelto un punto A_0, si prendono le 3 rette $s_1 // r_1$, $s_2 // r_2$ ed $s_3 // r_3$ passanti per A_0 e il segmento orientato $A - A_0$ rappresentativo di $\mathbf{u}$ uscente da A_0. Si considera allora, dapprima, il piano passante per A e parallelo al piano $s_2 s_3$. La proiezione di A su $s_2 s_3$ secondo la direzione di s_1 è il punto A_1. In maniera analoga si ottengono i punti A_2 ed A_3 rispettivamente sui piani $s_1 s_3$ ed $s_1 s_2$, come proiezioni di A secondo le direzioni di s_2 ed s_3. E' evidente che i segmenti $(A_1 - A_0)$, $(A_2 - A_0)$ e $(A_3 - A_0)$ sono rappresentativi dei vettori $\mathbf{u}_1$, $\mathbf{u}_2$ e $\mathbf{u}_3$ che si cercavano (parag. 1.3.5).

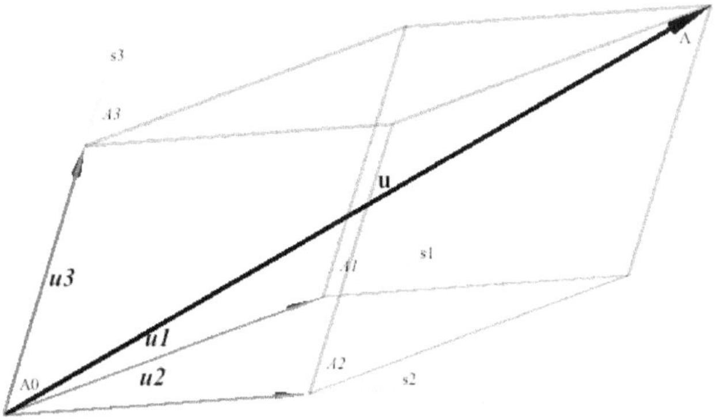

Fig. 15: Scomposizione di un vettore in 3 componenti non parallele ad uno stesso piano

Si osservi che se le rette r_1, r_2 ed r_3 fossero parallele ad uno stesso piano α che non contiene $\mathbf{u}$ (e quindi $\mathbf{u}$ sarebbe scomponibile secondo il punto precedente in una componente appartenente ad α ed una ortogonale ad esso) (Fig. 16a) si avrebbe un parallelepipedo degenere (contenuto in α) senza diagonale e non ci sarebbe alcuna soluzione poiché non ci sarebbe alcuna possibilità di una componente ortogonale ad α.

Se invece r_1, r_2 ed r_3 fossero complanari con $\mathbf{u}$ (Fig. 16b), si avrebbero ∞ soluzioni potendosi scegliere un componente arbitrariamente su una delle rette, ad esempio $\mathbf{u}_3$ su s_3 e

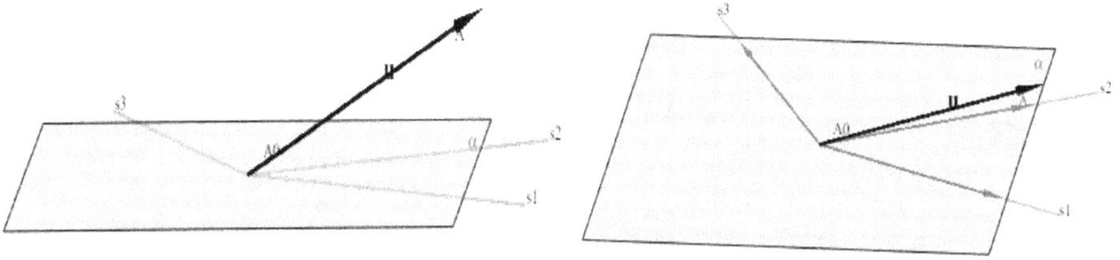

Fig. 16: Casi particolari scomposizione di un vettore in 3 componenti

a) le 3 direzioni sono parallele allo stesso piano che non contiene $\mathbf{u}$
b) le 3 direzioni sono complanari con $\mathbf{u}$

scomponendo il vettore rimanente $(\mathbf{u}-\mathbf{u}_3)$ nelle direzioni $\mathbf{u}_1$ e $\mathbf{u}_2$.

1.3.9. Operazioni di prodotto di 2 vettori

1.3.9.a. Prodotto scalare di 2 vettori

Assegnati i vettori $\mathbf{u}$ e $\mathbf{v}$, si definisce prodotto scalare di $\mathbf{u}$ e $\mathbf{v}$, e si indica con $\mathbf{u}\cdot\mathbf{v}$, lo scalare ottenuto dal prodotto dei moduli di $\mathbf{u}$ e $\mathbf{v}$ moltiplicato per $\cos\varphi$, con φ angolo tra $\mathbf{u}$ e $\mathbf{v}$ (Fig. 17). Cioè:

$$\mathbf{u}\cdot\mathbf{v} = |\mathbf{u}|\cdot|\mathbf{v}|\cos\varphi \qquad (9)$$

Poiché $|\mathbf{u}|\cos\varphi = u_v$, con u_v componente di $\mathbf{u}$ su $\mathbf{v}$, ovvero $|\mathbf{v}|\cos\varphi = v_u$ con v_u componente di $\mathbf{v}$ su $\mathbf{u}$, si può scrivere

$$\mathbf{u}\cdot\mathbf{v} = |\mathbf{v}|u_v = |\mathbf{u}|v_u \qquad (10)$$

e ciò si esprime anche dicendo che, il prodotto scalare di $\mathbf{u}$ e $\mathbf{v}$ è lo scalare dato dal prodotto del modulo di un vettore per la componente dell'altro sul primo.

Dalla (9) (e dalla (10)) risulta che, il prodotto scalare di 2 vettori è nullo se uno dei 2 vettori è nullo o se i 2 vettori sono perpendicolari, cioè

$$\begin{aligned} \mathbf{u} = \mathbf{0} \quad &\Rightarrow \\ \mathbf{v} = \mathbf{0} \quad &\Rightarrow \quad \mathbf{u}\cdot\mathbf{v} = 0 \\ \mathbf{u} \perp \mathbf{v} \quad &\Rightarrow \end{aligned} \tag{11}$$

Viceversa, se il prodotto scalare di 2 vettori è nullo, i 2 vettori sono perpendicolari purché siano non nulli, cioè

$$\begin{cases} \mathbf{u} \neq \mathbf{0} \\ \mathbf{v} \neq \mathbf{0} \\ \mathbf{u}\cdot\mathbf{v} = 0 \end{cases} \Rightarrow \quad \mathbf{u} \perp \mathbf{v} \tag{12}$$

Se $\mathbf{v} = \mathbf{e}$, con $\mathbf{e}$ versore di una retta orientata r e quindi $|\mathbf{e}| = 1$, allora

$$\mathbf{u}\cdot\mathbf{e} = |\mathbf{u}|\cdot|\mathbf{e}|\cos\varphi = |\mathbf{u}|\cos\varphi = u_r \tag{13}$$

con u_r (la) componente di $\mathbf{u}$ sulla retta orientata r.

1.3.9.a.1. Proprietà del prodotto scalare

1. commutativa: $\mathbf{u}\cdot\mathbf{v} = \mathbf{v}\cdot\mathbf{u}$;
2. la proprietà associativa non ha senso poiché il risultato del prodotto scalare $\mathbf{u}\cdot\mathbf{v}$ è uno scalare mentre gli operandi sono vettori;
3. distributiva rispetto alla somma di vettori: $\mathbf{u}\cdot\sum_{i=1}^{n}\mathbf{v}_i = \sum_{i=1}^{n}(\mathbf{u}\cdot\mathbf{v}_i)$;
4. $m\mathbf{u}\cdot q\mathbf{v} = (mq)\mathbf{u}\cdot\mathbf{v}$
5. $\sum_{i=1}^{n} m_i\mathbf{u}_i \cdot \sum_{j=1}^{m} q_j\mathbf{v}_j = \sum_{i=1}^{n}\sum_{j=1}^{m}(m_i q_j)\mathbf{u}_i\cdot\mathbf{v}_j$

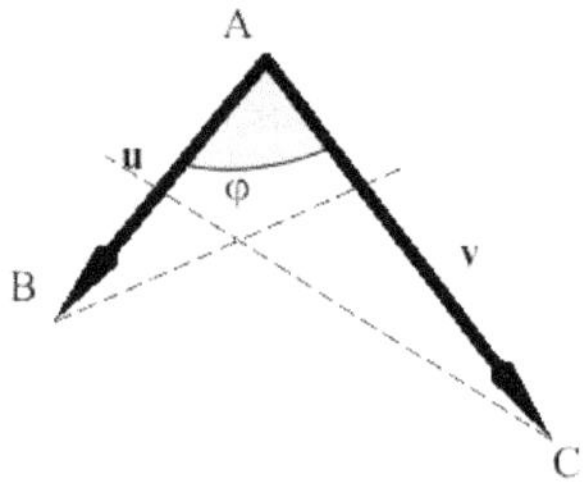

Fig. 17: Prodotto scalare di 2 vettori

Pertanto il prodotto scalare gode di tutte le proprietà algebriche.

Ad esempio

$$(\mathbf{u}+\mathbf{v})\cdot(\mathbf{u}-\mathbf{v})=\mathbf{u}^2-\mathbf{v}^2=u^2-v^2 \tag{14}$$

essendo

$$\mathbf{u}^2=\mathbf{u}\cdot\mathbf{u}=|\mathbf{u}|\cdot|\mathbf{u}|\cos 0=u^2 \tag{15}$$

e:

$$(\mathbf{u}\pm\mathbf{v})^2=\mathbf{u}^2+\mathbf{v}^2\pm 2\mathbf{u}\cdot\mathbf{v} \tag{16}$$

1.3.9.b. Terna levogira o destrogira

Una retta orientata r passante per un punto assegnato O, si dice asse passante per O.

Si definisce terna di assi un insieme ordinato (sequenza) di 3 assi. In tal caso, all' usuale simbolo di insieme $\{...\}$ si sostituirà quello di insieme ordinato $[...]$. Ad esempio dall'insieme $\{r_1, r_2, r_3\}$ di 3 assi (rette orientate) si ottengono le terne

$$[r_1,r_2,r_3],\ [r_3,r_1,r_2],\ [r_2,r_3,r_1],\ [r_1,r_3,r_2],\ [r_2,r_1,r_3],\ [r_3,r_2,r_1] \tag{17}$$

(Si osservi che il numero di terne ottenibili è pari a $3!=6$ cioè al numero di permutazioni degli elementi dell' insieme $\{r_1, r_2, r_3\}$).

Si definisce sistema di riferimento di origine O, una terna di assi (un insieme ordinato di 3 rette) passanti tutti per O non complanari. Il punto O è detto origine del sistema (o della terna). Ad esempio, l'insieme $\{r_1, r_2, r_3\}$ di 3 rette orientate non complanari, passanti tutte per un punto O, considerate nell'ordine che vede come primo l'asse r_1, come secondo r_2 e come ultimo r_3, è il sistema di riferimento (o la terna) $O_{r_1r_2r_3}$.

Dalla definizione di terna appena data consegue, ad esempio, che le terne $O_{r_1r_2r_3}$ e $O_{r_2r_1r_3}$ sono diverse, pur avendo la stessa origine O ed essendo costituite dagli stessi assi, essendo diverse le sequenze di questi ultimi. In analogia con la (17), è evidente che, assegnato l'insieme $\{r_1, r_2, r_3\}$ di 3 rette orientate non complanari, sono possibili i seguenti sistemi di riferimento diversi

$$O_{r_1 r_2 r_3},\ O_{r_3 r_1 r_2},\ O_{r_2 r_3 r_1},\ O_{r_1 r_3 r_2},\ O_{r_2 r_1 r_3},\ O_{r_3 r_2 r_1} \qquad (18)$$

Si consideri allora la terna di assi $O_{r_1 r_2 r_3}$ (Fig. 18).

Sia *Os* una semiretta del piano $r_1 r_2$ (piano formato dai primi 2 assi della terna) che ruoti intorno ad O (punto fisso), nel verso tale da compiere l'angolo concavo (più piccolo) per andare da da r_1 a r_2 (dal primo al secondo asse). Si immagini un osservatore disposto con i piedi in O, lungo l'asse r_3 (ultimo asse) con la testa nel verso positivo di r_3.

Se l' osservatore vede la suddetta rotazione di *Os* in verso antiorario, la terna $O_{r_1 r_2 r_3}$ si dirà levogira. Se, viceversa, la vede in senso orario la terna $O_{r_1 r_2 r_3}$ si dirà destrogira.

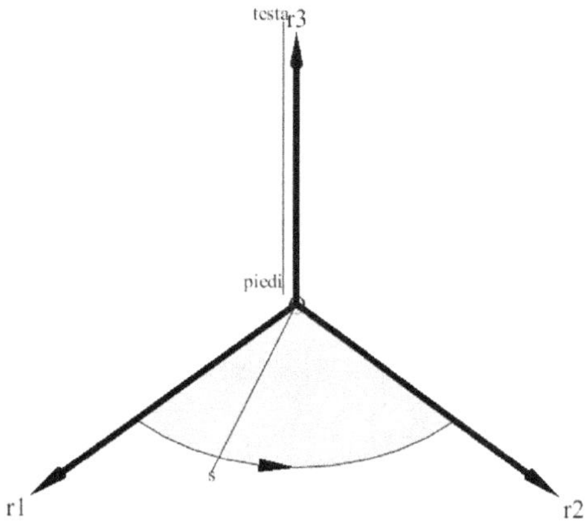

Fig. 18: Terna $O_{r_1 r_2 r_3}$ levogira

Due terne si dicono della stessa classe se sono entrambe levogire o entrambe destrogire.

Pertanto, cambiando l'ordine degli assi di una terna, questa può cambiare classe. Precisamente essa cambia di classe se la sostituzione degli indici effettuata nel passare dalla prima alla seconda terna è dispari, mentre non cambia quando la sostituzione è di classe pari. Ad esempio, nel passare dalla terna $O_{r_1 r_2 r_3}$, supposta levogira, alla $O_{r_3 r_1 r_2}$, quest'ultima continua ad essere levogira in quanto la sostituzione degli indici è stata di classe pari (cioè il numero di inversioni degli indici necessario per passare dalla $O_{r_1 r_2 r_3}$ alla $O_{r_3 r_1 r_2}$ è 2 quindi pari). Per convincersene basti pensare ad un osservatore che, sempre nella stessa Fig. 18, sia disposto lungo r_2 con i piedi in O il quale per portare l'asse r_3 su r_1, ruotando dell' angolo "piccolo" (nel piano $r_1 r_3$), dovrà effettuare la rotazione in senso antiorario.

E' facile verificare che, se una data terna è levogira lo sono allora tutte e solo quelle ottenute da essa con una permutazione circolare degli indici. Cioè, ad es., se la $O_{r_1 r_2 r_3}$ è levogira, lo sono anche le $O_{r_3 r_1 r_2}$ e $O_{r_2 r_3 r_1}$ secondo lo schema di permutazioni:

$$\begin{array}{ccccccccc} r_1 & r_2 & r_3 & & & & & & \\ \rightarrow & \rightarrow & \downarrow & r_3 & r_1 & r_2 & & & \\ \uparrow & \leftarrow & \leftarrow & \rightarrow & \rightarrow & \downarrow & r_2 & r_3 & r_1 \\ & & & \uparrow & \leftarrow & \leftarrow & & & \end{array} \tag{19}$$

1.3.9.c. Prodotto vettoriale di 2 vettori

Dati i vettori $\mathbf{u}$ e $\mathbf{v}$ (il cui angolo tra essi è φ), rappresentati rispettivamente dai segmenti orientati $(B-A)$ e $(C-A)$ (Fig. 19), si definisce prodotto vettoriale di $\mathbf{u}$ e $\mathbf{v}$, e si indica con $\mathbf{w} = \mathbf{u} \wedge \mathbf{v}$, il vettore $\mathbf{w}$ avente le seguenti caratteristiche:

a. direzione perpendicolare al piano dei vettori $\mathbf{u}$ e $\mathbf{v}$

b. modulo $|\mathbf{w}| = |\mathbf{u}| \cdot |\mathbf{v}| \sin\varphi$

c. verso tale che la terna $[\mathbf{u}, \mathbf{v}, \mathbf{w}]$ sia levogira.

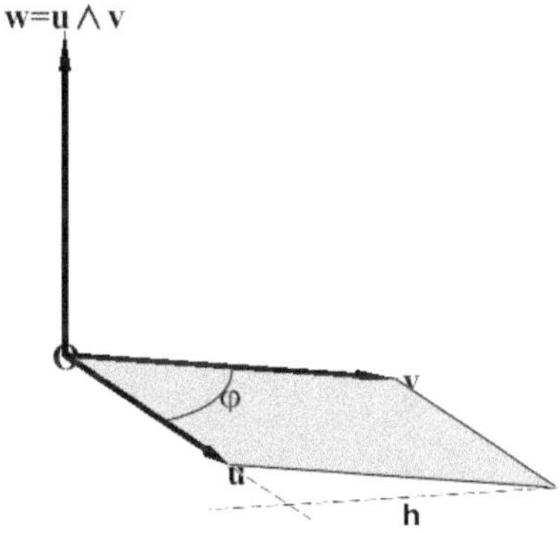

Fig. 19: Prodotto vettoriale

Per quanto riguarda il modulo, si osservi dalla Fig. 19 che, considerando il parallelogramma costruito su $\mathbf{u}$ e $\mathbf{v}$, di cui si dice h l'altezza rispetto a $\mathbf{u}$, si ha: $h = |\mathbf{v}| \sin(\pi - \varphi) = |\mathbf{v}| \sin\varphi$, per cui è

$$|\mathbf{w}| = |\mathbf{u} \wedge \mathbf{v}| = |\mathbf{u}| \cdot |\mathbf{v}| \sin\varphi = |\mathbf{u}| \cdot h \tag{20}$$

e cioè il modulo del prodotto vettoriale di $\mathbf{u}$ e $\mathbf{v}$ è dato dall'area del parallelogramma individuato da $\mathbf{u}$ e $\mathbf{v}$. Inoltre è $\mathbf{w} = \mathbf{u} \wedge \mathbf{v} = \mathbf{0}$ (vettore nullo) se $\mathbf{u}=\mathbf{0}$ o $\mathbf{v}=\mathbf{0}$ oppure se $\sin\varphi=0 \Rightarrow \varphi=0,\pi$ ovvero se $\mathbf{u}//\mathbf{v}$. In simboli:

$$\begin{aligned} \mathbf{u}=\mathbf{0} &\;\Rightarrow \\ \mathbf{v}=\mathbf{0} &\;\Rightarrow \quad \mathbf{w}=\mathbf{u}\wedge\mathbf{v}=\mathbf{0} \\ \mathbf{u}//\mathbf{v} &\;\Rightarrow \end{aligned} \tag{21}$$

1.3.9.c.1. Proprietà del prodotto vettoriale

1. non è commutativo in quanto per la c è $\mathbf{u}\wedge\mathbf{v}=-\mathbf{v}\wedge\mathbf{u}$,
2. non vale la proprietà associativa come si vedrà in seguito,
3. distributiva rispetto alla somma di vettori: $\mathbf{u}\wedge\sum_{i=1}^{n}\mathbf{v}_i=\sum_{i=1}^{n}\left(\mathbf{u}\wedge\mathbf{v}_i\right)$
4. $m\mathbf{u}\wedge q\mathbf{v}=(mq)\mathbf{u}\wedge\mathbf{v}$
5. $\sum_{i=1}^{n}m_i\mathbf{u}_i\wedge\sum_{j=1}^{m}q_j\mathbf{v}_j=\sum_{i=1}^{n}\sum_{j=1}^{m}\left(m_iq_j\right)\mathbf{u}_i\wedge\mathbf{v}_j$ (facendo attenzione a non commutare l'ordine dei vettori)

1.3.9.d. Prodotto misto di 3 vettori

Dati i vettori $\mathbf{u}$, $\mathbf{v}$ e $\mathbf{w}$, si consideri il prodotto (misto)

$$\lambda=\mathbf{u}\wedge\mathbf{v}\cdot\mathbf{w} \tag{22}$$

Si osservi la non necessarietà di alcuna parentesi per specificare l'ordine dei 2 prodotti che compaiono nella (22), non avendo senso una scrittura del tipo ~~$\mathbf{u}\wedge(\mathbf{v}\cdot\mathbf{w})$~~ poiché il risultato di $(\mathbf{v}\cdot\mathbf{w})$ sarebbe uno scalare. Viceversa è obbligatoriamente $\mathbf{u}\wedge\mathbf{v}\cdot\mathbf{w}=(\mathbf{u}\wedge\mathbf{v})\cdot\mathbf{w}$ che ha

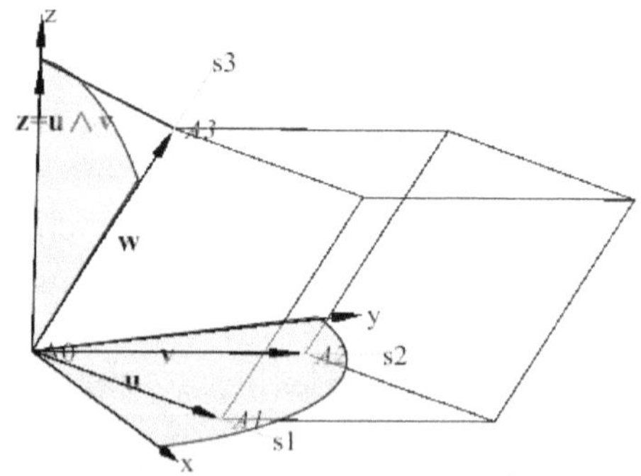

Fig. 20: Prodotto misto

quindi come risultato uno scalare λ. Infatti, posto

$$\mathbf{u} \wedge \mathbf{v} = \mathbf{z} \tag{23}$$

si ha allora:

$$\mathbf{u} \wedge \mathbf{v} \cdot \mathbf{w} = \mathbf{z} \cdot \mathbf{w} = \lambda \tag{24}$$

Tenendo conto delle (10) e (23), la (24) può essere scritta nel modo seguente

$$\lambda = \mathbf{u} \wedge \mathbf{v} \cdot \mathbf{w} = \mathbf{z} \cdot \mathbf{w} = |\mathbf{z}| w_z = |\mathbf{u} \wedge \mathbf{v}| w_z \tag{25}$$

La (25) da luogo ad un'interessante interpretazione geometrica del prodotto misto $\lambda = \mathbf{u} \wedge \mathbf{v} \cdot \mathbf{w}$ (Fig. 20).

Si riportino infatti a partire da un punto A_0 i vettori $\mathbf{u} = A_1 - A_0$, $\mathbf{v} = A_2 - A_0$ e $\mathbf{w} = A_3 - A_0$, e si consideri anzitutto l'operazione (23) $\mathbf{z} = \mathbf{u} \wedge \mathbf{v}$ che definisce il vettore $\mathbf{z}$ perpendicolare a $\mathbf{u}$ e $\mathbf{v}$, il cui modulo $|\mathbf{z}| = \sigma_{12}$ è la misura σ_{12} dell'area del parallelogramma di lati A_0A_1 e A_0A_2 (e cioè $|\mathbf{u}|$ e $|\mathbf{v}|$). Ora, si consideri la proiezione h di A_3 sul piano dei vettori $\mathbf{u}$ e $\mathbf{v}$, cioè l'altezza del parallelepipedo individuato dai vettori $\mathbf{u}$, $\mathbf{v}$ e $\mathbf{w}$ rispetto alla base individuata dai vettori $\mathbf{u}$ e $\mathbf{v}$: è ovviamente $h = |w_z|$. Pertanto, dalla (25), si ha

$$|\lambda| = |\mathbf{u} \wedge \mathbf{v}||w_z| = \sigma_{12} \cdot h \tag{26}$$

e cioè, il prodotto misto (22), è la misura del volume del parallelepipedo individuato dalla terna di vettori **uvw** con il segno + o - a seconda che la suddetta terna sia levogira o meno.

1.3.9.d.1. Proprietà del prodotto misto di 3 vettori

Si osservi innanzitutto che, facendo uso dell'interpretazione geometrica del prodotto misto, cambiando l'ordine dei vettori nel prodotto (22) non cambia il volume del parallelepipedo ad essi associato e quindi, a prescindere dal segno, non cambia il valore assoluto del prodotto misto. Per quanto riguarda il segno, esso non cambierà a seguito di permutazioni circolari nell'ordine dei vettori del prodotto, e cioè:

$$\mathbf{u} \wedge \mathbf{v} \cdot \mathbf{w} = \mathbf{w} \wedge \mathbf{u} \cdot \mathbf{v} = \mathbf{v} \wedge \mathbf{w} \cdot \mathbf{u} = \lambda$$
$$\mathbf{w} \wedge \mathbf{v} \cdot \mathbf{u} = \mathbf{u} \wedge \mathbf{w} \cdot \mathbf{v} = \mathbf{v} \wedge \mathbf{u} \cdot \mathbf{w} = -\lambda \tag{27}$$

Ancora, facendo riferimento all'interpretazione geometrica del prodotto misto (22), si può dire che condizione necessaria e sufficiente affinché il prodotto misto (22) sia nullo, è che i 3 vettori $\mathbf{u}$, $\mathbf{v}$ e $\mathbf{w}$ siano complanari. Infatti, in tal caso, il parallelepipedo individuato dai vettori $\mathbf{u}$, $\mathbf{v}$ e $\mathbf{w}$ è degenere di altezza $h = 0$. In simboli

$$\lambda = \mathbf{u} \wedge \mathbf{v} \cdot \mathbf{w} = 0 \Leftrightarrow \mathbf{u}, \mathbf{v}, \mathbf{w} \text{ complanari} \tag{28}$$

1.3.10. Rappresentazione cartesiana dei vettori

1.3.10.a. Coordinate di un punto posizione in uno spazio

Si consideri uno spazio di punti Σ, intendendo per tale un insieme di punti che individuano e si chiamano posizioni $P_i \quad i = 1 \ldots m$ nello spazio. Si supponga che ad ognuna di queste posizioni corrisponda un insieme di n numeri

$$\forall i = 1 \ldots m \quad P_i \to \begin{bmatrix} x_{i1} \\ x_{i2} \\ \cdots \\ x_{in} \end{bmatrix} \tag{29}$$

e che, a 2 posizioni diverse, corrispondano 2 insiemi di n numeri diversi tra loro

$$\forall i \neq j = 1 \ldots m \quad P_i \neq P_j \to \begin{bmatrix} x_{i1} \\ x_{i2} \\ \cdots \\ x_{in} \end{bmatrix} \neq \begin{bmatrix} x_{j1} \\ x_{j2} \\ \cdots \\ x_{jn} \end{bmatrix} \tag{30}$$

Gli n numeri $x_{i1}, x_{i2}, \ldots, x_{in}$, che individuano univocamente la posizione P_i nello spazio Σ, si chiamano coordinate della posizione P_i nello spazio Σ. La n-upla di coordinate, che individua univocamente la posizione P_i nello spazio Σ, non è unica.

Per esempio sia Σ lo spazio costituito dall'insieme dei punti di un piano π, e si scelga, per comodità, un sistema (di riferimento) di assi x ed y passanti per un punto O (origine del sistema di riferimento). La generica posizione P_i nel piano π è univocamente associata all'insieme di 2 numeri a_i, b_i che sono dette coordinate di P_i nel piano π, e si scrive $P_i = \begin{bmatrix} a_i \\ b_i \end{bmatrix}$. Se i 2 numeri a_i, b_i sono rispettivamente la distanza di P_i da O e l'angolo che il vettore $(P-O)$ forma con l'asse x, allora i numeri a_i, b_i si dicono coordinate polari; se invece i 2 numeri a_i, b_i sono le distanze delle proiezioni P_{ix}, P_{iy} del punto P_i, rispettivamente sugli assi x ed y da O, allora i numeri a_i, b_i si dicono coordinate cartesiane.

Si osservi anche che, il sistema di coordinate che identifica un insieme di punti in uno spazio, è costituito da un numero di coordinate che dipende dallo spazio stesso. Per esempio, i punti di una curva piana, nello spazio costituito dal piano stesso, sono individuati solo se il sistema di coordinate è costituito da (almeno) 2 coordinate per ogni punto della curva; viceversa gli stessi punti della curva, nello spazio costituito dai soli punti della curva, necessitano ognuno di una sola coordinata per essere individuato (per esempio l'ascissa curvilinea).

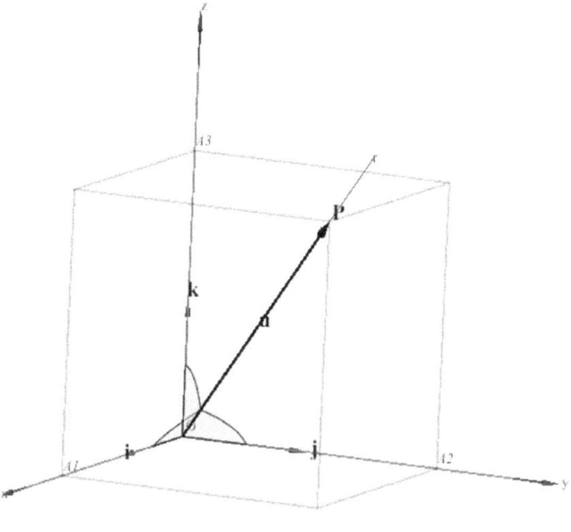

Fig. 21: Rappresentazione cartesiana di un vettore

1.3.10.b. Rappresentazione cartesiana dei vettori

Si consideri un sistema di riferimento ortogonale, costituito dalla terna levogira di origine O e assi x, y e z (Fig. 21). Siano **i**, **j** e **k** i versori rispettivamente degli assi x, y e z. Si osserva che

$$\begin{array}{lll} \mathbf{i}\cdot\mathbf{i}=i^2=1 & \mathbf{j}\cdot\mathbf{j}=j^2=1 & \mathbf{k}\cdot\mathbf{k}=k^2=1 \\ \mathbf{i}\cdot\mathbf{j}=0 & \mathbf{j}\cdot\mathbf{k}=0 & \mathbf{k}\cdot\mathbf{i}=0 \\ \mathbf{i}\wedge\mathbf{i}=\mathbf{0} & \mathbf{j}\wedge\mathbf{j}=\mathbf{0} & \mathbf{k}\wedge\mathbf{k}=\mathbf{0} \\ \mathbf{i}\wedge\mathbf{j}=\mathbf{k} & \mathbf{j}\wedge\mathbf{k}=\mathbf{i} & \mathbf{k}\wedge\mathbf{i}=\mathbf{j} \end{array} \tag{31}$$

Su ogni asse della terna sia stabilita una coordinata cartesiana (cioè ogni punto dell'asse sia individuato da un numero che rappresenta proprio la distanza da O del punto).

Sia $\mathbf{u}$ un vettore dello spazio, assegnato, ad esempio, mediante i tre coseni direttori α, β e γ e la sua lunghezza $|\mathbf{u}|$ (Fig. 20)

$$\alpha=\cos\widehat{xr} \quad \beta=\cos\widehat{yr} \quad \gamma=\cos\widehat{zr} \tag{32}$$

Si calcolano le componenti di $\mathbf{u}$ sugli assi, ovvero le cosiddette componenti cartesiane di $\mathbf{u}$ nella terna $Oxyz$

$$\begin{aligned} u_x &= |\mathbf{u}|\cos\widehat{xr}=|\mathbf{u}|\alpha \\ u_y &= |\mathbf{u}|\cos\widehat{yr}=|\mathbf{u}|\beta \\ u_z &= |\mathbf{u}|\cos\widehat{zr}=|\mathbf{u}|\gamma \end{aligned} \tag{33}$$

Pertanto, quando si assegna un vettore $\mathbf{u}$, è univocamente determinata la terna di numeri u_x, u_y, u_z, vale cioè la corrispondenza

$$\mathbf{u}\equiv\begin{cases}\alpha,\beta,\gamma \\ |\mathbf{u}|\end{cases}\rightarrow\left(u_x,u_y,u_z\right) \tag{34}$$

Si vuole dimostrare anche la corrispondenza inversa, e cioè che assegnata la terna di numeri $\left(u_x,u_y,u_z\right)$ è univocamente determinato il vettore $\mathbf{u}$. Per poterlo fare si parte dalle relazioni (33) che, quadrate e sommate, danno luogo a $u_x^{\ 2}+u_y^{\ 2}+u_z^{\ 2}=|\mathbf{u}|^2\left(\alpha^2+\beta^2+\gamma^2\right)=|\mathbf{u}|^2$; da quest'ultima si ricava la prima incognita

$$|\mathbf{u}|=+\sqrt{u_x^{\ 2}+u_y^{\ 2}+u_z^{\ 2}} \tag{35}$$

(presa con il segno "+" essendo $|\mathbf{u}|>0$). Successivamente ad $|\mathbf{u}|$, sempre dalle (33), si ricavano

$$\alpha=\frac{u_x}{|\mathbf{u}|} \quad \beta=\frac{u_y}{|\mathbf{u}|} \quad \gamma=\frac{u_z}{|\mathbf{u}|} \tag{36}$$

Si può allora concludere che, assegnando la terna di numeri reali (u_x,u_y,u_z), mediante la (35) si determina $|\mathbf{u}|$ e, successivamente mediante la (36), la direzione orientata di $\mathbf{u}$ nella terna $Oxyz$. Si determina cioè univocamente il vettore $\mathbf{u}$.

In definitiva esiste una corrispondenza biunivoca tra vettori dello spazio e terne di numeri, allo stesso modo di come esiste tra punti dello spazio e terne di numeri reali. Ciò si esprime in simboli come segue

$$\mathbf{u}\leftrightarrow(u_x,u_y,u_z) \tag{37}$$

Nel caso particolare in cui $\mathbf{u}=\mathbf{e}$ con $|\mathbf{e}|=1$, cioè $\mathbf{u}$ sia un versore, dalle (36) si ottiene

$$\alpha=e_x \quad \beta=e_y \quad \gamma=e_z \tag{38}$$

e cioè, le componenti cartesiane di un versore sono proprio i coseni direttori della sua direzione orientata.

Sia ora $\mathbf{u}$ rappresentato da $(B-A)$. Le sue componenti cartesiane sono, per quanto detto nel paragrafo 1.3.2,

$$u_x=x_B-x_A \quad u_y=y_B-y_A \quad u_z=z_B-z_A \tag{39}$$

Se, adesso, è assegnata la terna $Oxyz$ ed $\mathbf{u}$ è un vettore uscente da O ed estremo libero P, cioè $\mathbf{u}$ è rappresentato da $(P-O)$, potendolo scomporre in 3 vettori non paralleli ad uno stesso piano ottenuti conducendo da P 3 piani paralleli ai piani coordinati, si ha

$$(P-O)=(A_1-O)+(A_2-O)+(A_3-O) \tag{40}$$

Ora, $(A_1 - O)//\mathbf{i}$ $(A_2 - O)//\mathbf{j}$ $(A_3 - O)//\mathbf{k}$ per cui esisteranno 3 scalari λ_1, λ_2, λ_3 tali che

$$A_1 - O = \lambda_1 \mathbf{i} \quad A_2 - O = \lambda_2 \mathbf{j} \quad A_3 - O = \lambda_3 \mathbf{k} \tag{41}$$

e pertanto

$$(P - O) = \lambda_1 \mathbf{i} + \lambda_2 \mathbf{j} + \lambda_3 \mathbf{k} \tag{42}$$

Inoltre, moltiplicando scalarmente la (42) prima per $\mathbf{i}$, poi per $\mathbf{j}$ quindi per $\mathbf{k}$, si ha

$$\begin{aligned} (P - O)\cdot \mathbf{i} &= \lambda_1 \mathbf{i}\cdot\mathbf{i} + \lambda_2 \mathbf{j}\cdot\mathbf{i} + \lambda_3 \mathbf{k}\cdot\mathbf{i} = \lambda_1\, i^2 = \lambda_1 \\ (P - O)\cdot \mathbf{j} &= \lambda_1 \mathbf{i}\cdot\mathbf{j} + \lambda_2 \mathbf{j}\cdot\mathbf{j} + \lambda_3 \mathbf{k}\cdot\mathbf{j} = \lambda_2\, j^2 = \lambda_2 \\ (P - O)\cdot \mathbf{k} &= \lambda_1 \mathbf{i}\cdot\mathbf{k} + \lambda_2 \mathbf{j}\cdot\mathbf{k} + \lambda_3 \mathbf{k}\cdot\mathbf{k} = \lambda_3\, k^2 = \lambda_3 \end{aligned} \tag{43}$$

Ma per definizione è:

$$(P - O)\cdot \mathbf{i} = u_x \quad (P - O)\cdot \mathbf{j} = u_y \quad (P - O)\cdot \mathbf{k} = u_z \tag{44}$$

Dal confronto della (43) e della (44) si ricava $\lambda_1 = u_x$ $\lambda_2 = u_y$ $\lambda_3 = u_z$ che, sostituiti nella (42), danno luogo a

$$(P - O) = u_x \mathbf{i} + u_y \mathbf{j} + u_z \mathbf{k} \tag{45}$$

che è la cosiddetta rappresentazione cartesiana del vettore $\mathbf{u}$ nella terna $Oxyz$.

Si osservi che il vettore $\mathbf{u}$ è rappresentato dal segmento $(P - O)$ e, pertanto, la (45) può scriversi in termini di segmenti orientati come

$$(P - O) = (P - O)_x\, \mathbf{i} + (P - O)_y\, \mathbf{j} + (P - O)_z\, \mathbf{k} \tag{46}$$

Se, allora, P ha coordinate (x, y, z) nella terna $Oxyz$, si ha

$$(P - O)_x = x \quad (P - O)_y = y \quad (P - O)_z = z \tag{47}$$

e la (46), ricordando la definizione di somma di un punto ed un vettore data nel paragrafo 1.3.2, diventa

$$P = O + x\,\mathbf{i} + y\,\mathbf{j} + z\,\mathbf{k} \tag{48}$$

La (48) è la rappresentazione cartesiana del punto P, estremo libero del vettore $\mathbf{u}$, nel riferimento $Oxyz$.

Si vuole qui osservare che la (46) è solo una delle possibili forme di rappresentazione del vettore $\mathbf{u}$ nel riferimento $Oxyz$, che fa uso di 3 numeri che sono, in particolare, le componenti cartesiane date dalla (33). Si vedrà che è possibile dare altre forme di rappresentazione nel riferimento $Oxyz$ di $\mathbf{u}$ mediante altre terne di numeri, ovvero, altri sistemi di coordinate: insomma ad un'entità definita vettore corrispondono, in ogni sistema di riferimento, diverse rappresentazioni, a seconda del sistema di coordinate che si usa.

A questo punto è allora opportuno esprimere in forma cartesiana anche le operazioni definite sui vettori.

1.3.10.c. Operazioni vettoriali in forma cartesiana

Siano assegnati, in termini di componenti cartesiane in un riferimento $Oxyz$, i vettori $\mathbf{u} \leftrightarrow (u_x, u_y, u_z)$ e $\mathbf{v} \leftrightarrow (v_x, v_y, v_z)$. Le loro rappresentazioni cartesiane, per la (45), sono

$$\mathbf{u} = u_x\mathbf{i} + u_y\mathbf{j} + u_z\mathbf{k} \qquad \mathbf{v} = v_x\mathbf{i} + v_y\mathbf{j} + v_z\mathbf{k} \tag{49}$$

Applicando formalmente le proprietà delle operazioni sui vettori, si ha

1.3.10.c.1. Somma (algebrica) di vettori in forma cartesiana

$$\mathbf{u} \pm \mathbf{v} = (u_x \pm v_x)\mathbf{i} + (u_y \pm v_y)\mathbf{j} + (u_z \pm v_z)\mathbf{k} \tag{50}$$

1.3.10.c.2. Prodotto di uno scalare per un vettore in forma cartesiana

$$m\mathbf{u} = mu_x\,\mathbf{i} + mu_y\,\mathbf{j} + mu_z\,\mathbf{k} \tag{51}$$

1.3.10.c.3. Prodotto scalare di 2 vettori in forma cartesiana

$$\mathbf{u}\cdot\mathbf{v}=\left(u_x\mathbf{i}+u_y\mathbf{j}+u_z\mathbf{k}\right)\cdot\left(v_x\mathbf{i}+v_y+v_z\mathbf{k}\right)=$$

$$=u_xv_x\mathbf{i}\cdot\mathbf{i}+\cancel{u_xv_y\mathbf{i}\cdot\mathbf{j}}+\cancel{u_xv_y\mathbf{i}\cdot\mathbf{k}}+\cancel{u_yv_x\mathbf{j}\cdot\mathbf{i}}+u_yv_y\mathbf{j}\cdot\mathbf{j}+\cancel{u_yv_z\mathbf{j}\cdot\mathbf{k}}+$$

$$+\cancel{u_zv_x\mathbf{k}\cdot\mathbf{i}}+\cancel{u_zv_y\mathbf{k}\cdot\mathbf{j}}+u_zv_z\mathbf{k}\cdot\mathbf{k}$$

da cui

$$\mathbf{u}\cdot\mathbf{v}=u_xv_x+u_yv_y+u_zv_z \tag{52}$$

1.3.10.c.4. Prodotto vettoriale di 2 vettori in forma cartesiana

$$\mathbf{u}\wedge\mathbf{v}=\left(u_x\mathbf{i}+u_y\mathbf{j}+u_z\mathbf{k}\right)\wedge\left(v_x\mathbf{i}+v_y+v_z\mathbf{k}\right)=$$

$$=\cancel{u_xv_x\mathbf{i}\wedge\mathbf{i}}+u_xv_y\mathbf{i}\wedge\mathbf{j}+u_xv_z\mathbf{i}\wedge\mathbf{k}+u_yv_x\mathbf{j}\wedge\mathbf{i}+\cancel{u_yv_y\mathbf{j}\wedge\mathbf{j}}+u_yv_z\mathbf{j}\wedge\mathbf{k}+$$

$$+u_zv_x\mathbf{k}\wedge\mathbf{i}+u_zv_y\mathbf{k}\wedge\mathbf{j}+\cancel{u_zv_z\mathbf{k}\wedge\mathbf{k}}=$$

$$=u_xv_y\mathbf{k}-u_xv_z\mathbf{j}-u_yv_x\mathbf{k}+u_yv_z\mathbf{i}+u_zv_x\mathbf{j}-u_zv_y\mathbf{i}=$$

$$=\left(u_xv_y-u_yv_x\right)\mathbf{k}-\left(u_xv_z-u_zv_x\right)\mathbf{j}+\left(u_yv_z-u_zv_y\right)\mathbf{i}=$$

$$=\begin{vmatrix}u_x & u_y\\ v_x & v_y\end{vmatrix}\mathbf{k}-\begin{vmatrix}u_x & u_z\\ v_x & v_z\end{vmatrix}\mathbf{j}+\begin{vmatrix}u_y & u_z\\ v_y & v_z\end{vmatrix}\mathbf{i}$$

da cui

$$\mathbf{u}\wedge\mathbf{v}=\begin{vmatrix}\mathbf{i} & \mathbf{j} & \mathbf{k}\\ u_x & u_y & u_z\\ v_x & v_y & v_z\end{vmatrix} \tag{53}$$

Si osservi che

$$\left(\mathbf{u}\wedge\mathbf{v}\right)_x=\begin{vmatrix}u_y & u_z\\ v_y & v_z\end{vmatrix};\;\left(\mathbf{u}\wedge\mathbf{v}\right)_y=-\begin{vmatrix}u_x & u_z\\ v_x & v_z\end{vmatrix};\;\left(\mathbf{u}\wedge\mathbf{v}\right)_z=\begin{vmatrix}u_x & u_y\\ v_x & v_y\end{vmatrix}. \tag{54}$$

1.3.10.c.5. Prodotto misto di 3 vettori in forma cartesiana

$$\left(\mathbf{u}\wedge\mathbf{v}\right)\cdot\mathbf{w}=\left(\mathbf{u}\wedge\mathbf{v}\right)_x w_x+\left(\mathbf{u}\wedge\mathbf{v}\right)_y w_y+\left(\mathbf{u}\wedge\mathbf{v}\right)_z w_z \tag{55}$$

Sostituendo le (54) nella (55), si ha

$$(\mathbf{u} \wedge \mathbf{v}) \cdot \mathbf{w} = \begin{vmatrix} u_y & u_z \\ v_y & v_z \end{vmatrix} w_x - \begin{vmatrix} u_x & u_z \\ v_x & v_z \end{vmatrix} w_y + \begin{vmatrix} u_x & u_y \\ v_x & v_y \end{vmatrix} w_z \tag{56}$$

e quindi

$$(\mathbf{u} \wedge \mathbf{v}) \cdot \mathbf{w} = \begin{vmatrix} u_x & u_y & u_z \\ v_x & v_y & v_z \\ w_x & w_y & w_z \end{vmatrix} \tag{57}$$

Pertanto le proprietà del determinante di una matrice si estendono al prodotto misto di 3 vettori.

1.3.11. Doppio prodotto vettoriale (tra 3 vettori)

Il doppio prodotto vettoriale tra i 3 vettori $\mathbf{u}$, $\mathbf{v}$ e $\mathbf{w}$ può essere inteso nei seguenti 2 modi, aventi risultati, in generale, diversi:

$$\mathbf{p}_1 = \mathbf{u} \wedge (\mathbf{v} \wedge \mathbf{w}) \tag{58}$$

e

$$\mathbf{p}_2 = (\mathbf{u} \wedge \mathbf{v}) \wedge \mathbf{w} \tag{59}$$

Nel caso della (58), avendo posto

$$\mathbf{z} = (\mathbf{v} \wedge \mathbf{w}) \tag{60}$$

con $\mathbf{z}$ pertanto perpendicolare sia a $\mathbf{v}$ che a $\mathbf{w}$ (par. 1.3.9.c), si ottiene:

$$\mathbf{p}_1 = \mathbf{u} \wedge \mathbf{z} \tag{61}$$

Dovendo essere per la (61) $\mathbf{p}_1$ a sua volta perpendicolare a $\mathbf{z}$, dovrà necessariamente appartenere al piano formato dai vettori $\mathbf{v}$ e $\mathbf{w}$ (Fig. 22) e, pertanto, esprimibile nella somma di 2 componenti lungo le direzioni di questi (par.1.3.8), cioè:

$$\mathbf{p}_1 = \lambda \mathbf{v} + \mu \mathbf{w} \tag{62}$$

Si scelga, a questo punto, un riferimento cartesiano ortogonale $Oxyz$, con il piano π_{xy} coincidente con quello dei vettori $\mathbf{v}$ e $\mathbf{w}$. In tale riferimento, la rappresentazione cartesiana dei vettori $\mathbf{u}$, $\mathbf{v}$ e $\mathbf{w}$ sia

$$\begin{aligned} \mathbf{u} &= u_x\mathbf{i} + u_y\mathbf{j} + u_z\mathbf{k} \\ \mathbf{v} &= v_x\mathbf{i} + v_y\mathbf{j} + v_z\mathbf{k} \\ \mathbf{w} &= w_x\mathbf{i} + w_y\mathbf{j} + w_z\mathbf{k} \end{aligned} \tag{63}$$

e, per la (60) e per la scelta del piano π_{xy} contenente i vettori $\mathbf{v}$ e $\mathbf{w}$, dall'ultima delle (54)

$$\mathbf{z} = z_z\mathbf{k} = \left(v_x w_y - v_y w_x\right)\mathbf{k} \tag{64}$$

Pertanto dalla (61), per la (53), si ha

$$\begin{aligned} \mathbf{p}_1 &= \begin{vmatrix} \mathbf{i} & \mathbf{j} & \mathbf{k} \\ u_x & u_y & u_z \\ 0 & 0 & z_z \end{vmatrix} = u_y z_z \mathbf{i} - u_x z_z \mathbf{j} = \\ &= v_x u_y w_y \mathbf{i} - w_x u_y v_y \mathbf{i} - u_x v_x w_y \mathbf{j} + v_y u_x w_x \mathbf{j} = \left(\mathbf{u}\cdot\mathbf{w}\right)\mathbf{v} - \left(\mathbf{u}\cdot\mathbf{v}\right)\mathbf{w} \end{aligned} \tag{65}$$

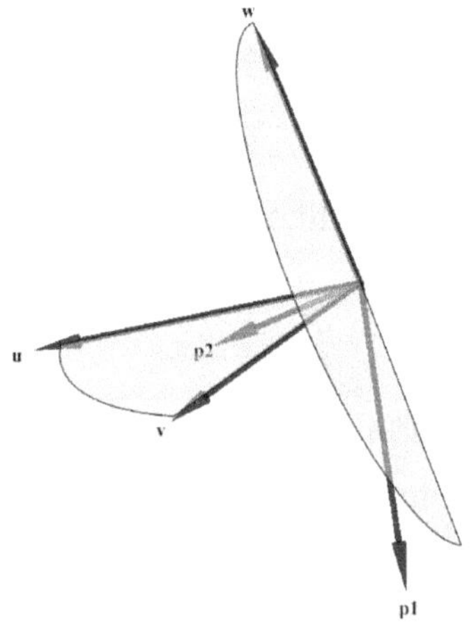

Fig. 22: Doppio prodotto vettoriale

In definitiva, riepilogando

$$\mathbf{u} \wedge \left(\mathbf{v} \wedge \mathbf{w}\right) = \left(\mathbf{u}\cdot\mathbf{w}\right)\mathbf{v} - \left(\mathbf{u}\cdot\mathbf{v}\right)\mathbf{w} \tag{66}$$

La (66) confrontata con la (62), fornisce

$$\lambda = \mathbf{u}\cdot\mathbf{w} \quad \text{e} \quad \mu = \mathbf{u}\cdot\mathbf{v} \tag{67}$$

Per quanto riguarda la (59), osservando che

$$\mathbf{p}_2 = (\mathbf{u}\wedge\mathbf{v})\wedge\mathbf{w} = -\mathbf{w}\wedge(\mathbf{u}\wedge\mathbf{v}) = \mathbf{u}'\wedge(\mathbf{v}'\wedge\mathbf{w}') \tag{68}$$

si può applicare la regola stabilita dalla (66) all'ultimo membro della (68) avendo posto $\mathbf{u}' = -\mathbf{w}, \quad \mathbf{v}' = \mathbf{u}, \quad \mathbf{w}' = \mathbf{v}$ e ottenere

$$(\mathbf{u}\wedge\mathbf{v})\wedge\mathbf{w} = -(\mathbf{w}\cdot\mathbf{v})\mathbf{u} + (\mathbf{w}\cdot\mathbf{u})\mathbf{v} \tag{69}$$

Si osservi adesso che $\mathbf{p}_1 = \mathbf{p}_2$ (cioè l'ordine di associazione nel doppio prodotto vettoriale è ininfluente sul risultato) se

$$(\mathbf{w}\cdot\mathbf{v})\mathbf{u} = (\mathbf{u}\cdot\mathbf{v})\mathbf{w} \tag{70}$$

e ciò può accadere nei seguenti casi:

a. $\begin{matrix}\mathbf{w}\cdot\mathbf{v} = 0 \Rightarrow \mathbf{w}\perp\mathbf{v} \\ \mathbf{u}\cdot\mathbf{v} = 0 \Rightarrow \mathbf{u}\perp\mathbf{v}\end{matrix}$ cioè $\mathbf{v}$ è perpendicolare sia a $\mathbf{u}$ che a $\mathbf{w}$;

b. $\mathbf{w} = \left(\dfrac{\mathbf{w}\cdot\mathbf{v}}{\mathbf{u}\cdot\mathbf{v}}\right)\mathbf{u} = \lambda\mathbf{u} \Rightarrow \mathbf{w}//\mathbf{u}$ cioè $\mathbf{u}$ parallelo a $\mathbf{w}$

1.3.12. Equazione vettoriale notevole: $\mathbf{v}\wedge\mathbf{a} = \mathbf{b}$ nell' incognita $\mathbf{v}$

Si vuole trovare il vettore incognito $\mathbf{v}$ che soddisfi l' equazione

$$\mathbf{v}\wedge\mathbf{a} = \mathbf{b} \quad \text{con} \quad \mathbf{a}\neq\mathbf{0} \tag{71}$$

Si osservi anzitutto che se fosse $\mathbf{b} = \mathbf{0}$, la (71) diventerebbe

$$\mathbf{v}\wedge\mathbf{a} = \mathbf{0} \tag{72}$$

che ammetterebbe le ∞ soluzioni date da

$$\mathbf{v} = \lambda\mathbf{a} \quad \forall\lambda\in R \tag{73}$$

e cioè tutti i vettori $\mathbf{v}$ paralleli ad $\mathbf{a}$ soddisfano la (72).

Se, viceversa, è $\mathbf{b}\neq\mathbf{0}$ il problema è compatibile (o consistente e cioè ammette soluzione) per la definizione di prodotto vettoriale data nel par. 1.3.9.c, se e solo se $\mathbf{a}$ e $\mathbf{b}$ sono ortogonali e cioè è verificata la relazione

$$\mathbf{a} \cdot \mathbf{b} = 0 \tag{74}$$

Si dimostrerà che, in tal caso, le soluzioni della (71) sono tutte e sole date da

$$\mathbf{v} = \frac{\mathbf{a} \wedge \mathbf{b}}{a^2} + \lambda \mathbf{a} \quad \forall \lambda \in R \tag{75}$$

Infatti si osservi innanzitutto che, la soluzione della (71), e cioè il vettore $\mathbf{v}$ che verifica appunto la (71) e la condizione di esistenza (74), non è unico. A tal proposito, dette $\mathbf{u}$ e $\mathbf{v}$ due soluzioni diverse, deve essere

$$\begin{cases} \mathbf{u} \wedge \mathbf{a} = \mathbf{b} \\ \mathbf{v} \wedge \mathbf{a} = \mathbf{b} \end{cases} \quad \text{con } \mathbf{u} \neq \mathbf{v} \tag{76}$$

Sottraendo membro a membro le (76)

$$(\mathbf{u} - \mathbf{v}) \wedge \mathbf{a} = \mathbf{0} \qquad \text{con } \mathbf{u} \neq \mathbf{v} \tag{77}$$

che implica (per la condizione $\mathbf{u} \neq \mathbf{v}$) che sia $\mathbf{u} - \mathbf{v}$ parallelo ad $\mathbf{a}$, cioè

$$\mathbf{u} - \mathbf{v} = \lambda \mathbf{a} \quad \forall \lambda \in R \tag{78}$$

Ciò significa quindi che esistono ∞ soluzioni che differiscono tra loro per un vettore parallelo ad $\mathbf{a}$.

Si vuole adesso trovare l' espressione (75) della generica soluzione della (71) con la condizione (74). A tal proposito si consideri la terna di vettori $\Gamma = [\mathbf{a}, \mathbf{b}, \mathbf{z}]$ con $\mathbf{z} = \mathbf{a} \wedge \mathbf{b}$ che, definita in tal modo, è ortogonale essendo $\mathbf{z}$ perpendicolare sia ad $\mathbf{a}$ che a $\mathbf{b}$, con questi ultimi a loro volta perpendicolari tra loro per la (74). Si consideri allora il primo membro della (71) per $\mathbf{v} = \mathbf{z}$

$$\mathbf{c} = \mathbf{z} \wedge \mathbf{a} = (\mathbf{a} \wedge \mathbf{b}) \wedge \mathbf{a} \tag{79}$$

$\mathbf{c}$ è perpendicolare ad $\mathbf{a}$ e a $\mathbf{z}$ e, a sua volta $\mathbf{z}$ è perpendicolare sia ad $\mathbf{a}$ che a $\mathbf{b}$. Pertanto $\mathbf{c}$ deve essere parallelo a $\mathbf{b}$, cioè $\mathbf{c} = \mu \mathbf{b}$ ovvero, ponendo per comodità $\lambda^* = \frac{1}{\mu}$,

$$\mathbf{b} = \lambda^* \mathbf{c} \tag{80}$$

che, sostituita nella (79), da luogo a

$$\mathbf{b} = \lambda^* (\mathbf{a} \wedge \mathbf{b}) \wedge \mathbf{a} \tag{81}$$

Confrontando la (81) con l' equazione data (71), si ha

$$\mathbf{v} = \lambda^* (\mathbf{a} \wedge \mathbf{b}) \tag{82}$$

Per trovare λ^*, basta eseguire il doppio prodotto vettoriale nella (81) (vd. (69)), come segue

$$\mathbf{b} = \lambda^* (\mathbf{a} \wedge \mathbf{b}) \wedge \mathbf{a} = \lambda^* \left[-(\mathbf{a} \cdot \mathbf{a})\mathbf{b} + (\mathbf{a} \cdot \mathbf{b})\mathbf{a} \right] \tag{83}$$

e, tenendo conto della condizione di esistenza (74), si ottiene

$$\lambda^* a^2 \mathbf{b} = \mathbf{b} \tag{84}$$

cioè

$$\lambda^* = \frac{1}{a^2} \tag{85}$$

Sostituendo la (85) nella (82) e per la considerazione che da luogo alla (78), si ottiene la (75).

2.1. *VETTORE APPLICATO*

Si definisce vettore applicato l' ente analitico determinato dalla coppia

$$(A,\mathbf{u}) \quad \text{con } A \in S_3, \quad \mathbf{u} \text{ vettore} \tag{86}$$

A (punto dello spazio S_3) si dice punto di applicazione del vettore.

u è, da solo, in corrispondenza con la classe di ∞^3 segmenti equipollenti.

Viceversa il vettore applicato $(A,\mathbf{u})$ è in corrispondenza biunivoca con uno ed un solo segmento orientato uscente dal punto A. Pertanto ha significato anche dire che un vettore applicato appartenga ad un piano.

Detta r una retta, si indicherà con $(r,\mathbf{u})$ l'insieme degli ∞^1 vettori **u** applicati nei punti di r.

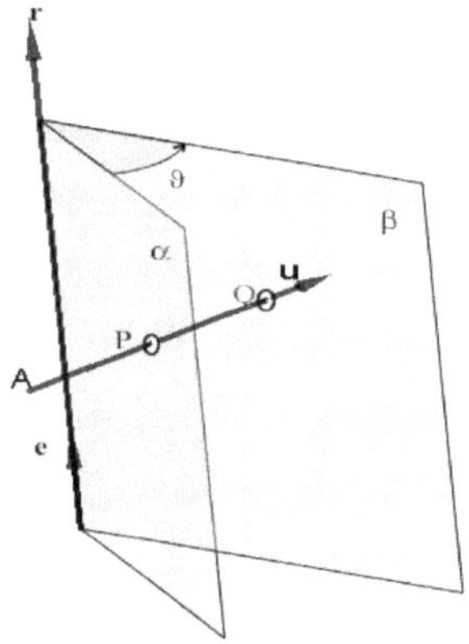

Fig. 23: Vettore applicato levogiro rispetto ad una retta orientata

2.1.1. Vettore levogiro (destrogiro) rispetto ad una retta orientata

Assegnati l' asse r di versore **e** ed il vettore applicato $(A,\mathbf{u})$ (Fig. 23), si consideri un qualsiasi punto P di $(A,\mathbf{u})$. Sia α il piano del fascio di asse r passante per P. Si sposti P lungo r nel verso di $\mathbf{u}$, ad esempio nel punto Q (in tal modo si tiene conto del verso di $\mathbf{u}$). Il piano α ruoterà fino alla posizione β di un angolo ϑ. Se tale rotazione ϑ appare, ad un osservatore disposto lungo r con il verso che va dai piedi alla testa come quello di r, levogiro (antiorario), si dirà appunto che il vettore $(A,\mathbf{u})$ è levogiro rispetto ad r.

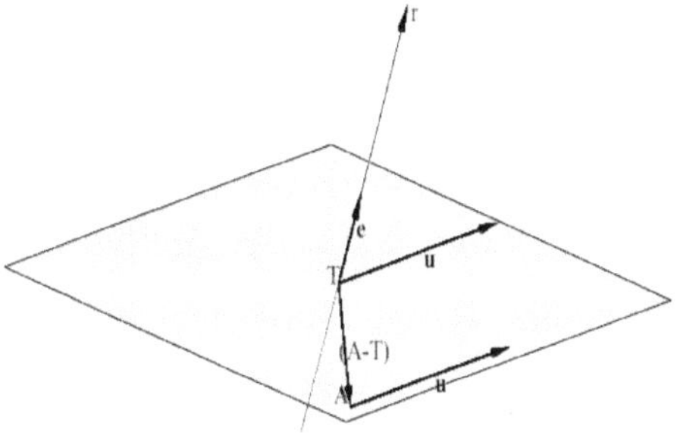

Fig. 24: Terna di vettori $\Theta \equiv [(A-T), \mathbf{u}, \mathbf{e}]$

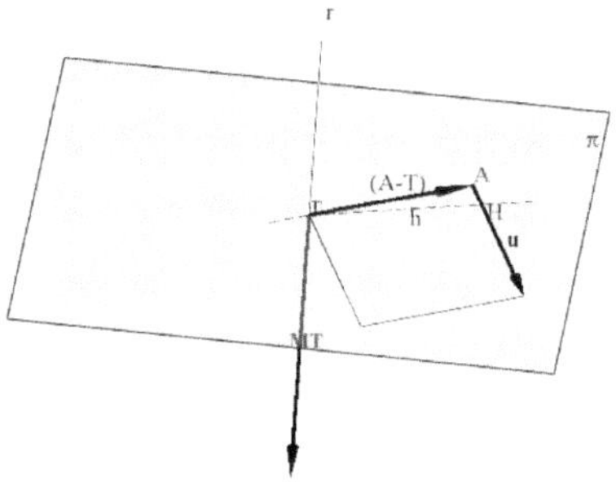

Fig. 25: Momento di un vettore applicato rispetto ad un punto

Siano ora (Fig. 24) π il piano perpendicolare ad r (ovvero ad $\mathbf{e}$) passante per A, e T il punto intersezione di π con r.

Si individua, in tal modo univocamente, la terna (sequenza ordinata) di vettori $\Theta \equiv [(A-T), \mathbf{u}, \mathbf{e}]$. Si osservi dalla suddetta Fig. 24 che, se il vettore applicato $(A, \mathbf{u})$ è levogiro rispetto ad r, la terna $\Theta \equiv [(A-T), \mathbf{u}, \mathbf{e}]$ (con $T \in r$) è levogira e viceversa. In simboli

Se $(A, \mathbf{u})$ è levogiro rispetto a r $\Leftrightarrow$ $\Theta \equiv [(A-T), \mathbf{u}, \mathbf{e}]$ è levogira $\forall T \in r$

(87)

2.1.2. Momento di un vettore applicato rispetto ad un punto

Siano assegnati il vettore applicato $(A, \mathbf{u})$ ed un punto T dello spazio S_3.

Si definisce momento di $\mathbf{u}$ (applicato in A) rispetto a T, il vettore (libero)

$$\mathbf{M}_T = (A-T) \wedge \mathbf{u} \tag{88}$$

Esso ha quindi (Fig. 25):

- direzione perpendicolare al piano π individuato da $(A, \mathbf{u})$ e dal "polo" T (e che quindi contiene il vettore applicato $(T, (A-T))$

- modulo $M_T = \left|(A-T)\wedge \mathbf{u}\right| = S_\pi$ con $S_\pi = |\mathbf{u}|\cdot h$ area del parallelogramma di base $|\mathbf{u}|$ e altezza h pari alla distanza del polo T dalla retta d'azione di $\mathbf{u}$
- verso tale che la terna $\Theta \equiv \left[(A-T),\mathbf{u},\mathbf{e}\right]$ sia levogira (cioè tale che all'osservatore disposto lungo $\mathbf{M}_T$, $\mathbf{u}$ appaia levogiro).

2.1.2.a. Conservazione del momento di un vettore al variare del punto di applicazione lungo la retta d'azione

Facendo riferimento alla Fig. 26, se si sposta il punto di applicazione del vettore $(A,\mathbf{u})$ in A', purché quest'ultimo si trovi sulla retta d'azione di $\mathbf{u}$, il momento rispetto al polo T non cambia. Infatti detto $\mathbf{M}'_T$ il momento di $(A',\mathbf{u})$ rispetto a T, si ha

$$\mathbf{M}'_T = (A'-T)\wedge \mathbf{u} = \left[(A-T)+(T-T')\right]\wedge \mathbf{u} = \mathbf{M}_T + (T-T')\wedge \mathbf{u} \qquad (89)$$

Ma $(T-T')\wedge \mathbf{u} = \mathbf{0}$ essendo per costruzione $(T-T')//\mathbf{u}$ e pertanto la (89) si riduce a

$$\mathbf{M}'_T = \mathbf{M}_T \qquad \forall A, A' \in \mathbf{u} \qquad (90)$$

2.1.2.b. Momento di un vettore applicato rispetto ad una retta orientata: momento assiale

Assegnati l' asse r di versore $\mathbf{e}$ ed il vettore applicato $(A,\mathbf{u})$, si scelga come polo $\forall T \in r$.

Per momento assiale di $(A,\mathbf{u})$ rispetto ad r si intende lo scalare M_r che è la componente su r stesso del momento di $(A,\mathbf{u})$ rispetto ad un qualsiasi punto T di r, cioè

$$M_r = \mathbf{M}_T \cdot \mathbf{e} = (A-T)\wedge \mathbf{u}\cdot \mathbf{e} \qquad \forall T \in r \qquad (91)$$

Ovviamente, perché abbia senso questa definizione, è necessario dimostrare che la scelta di T su r non influisce sul valore di M_r. Infatti, si consideri come polo un punto $T^{'} \in r$ con $T^{'} \neq \mathrm{T}$. Usando la definizione (91) per $T^{'}$ è

$$M_r^{'} = \mathbf{M}_{T'} \cdot \mathbf{e} = \left(A - T^{'}\right) \wedge \mathbf{u} \cdot \mathbf{e} \tag{92}$$

Poiché può scriversi (sottraendo e sommando T a $\left(A-T^{'}\right)$)

$$\left(A - T^{'}\right) = \left(A - T\right) + \left(T - T^{'}\right) \tag{93}$$

la (92) diventa

$$M_r^{'} = \left(A - T\right) \wedge \mathbf{u} \cdot \mathbf{e} + \left(T - T^{'}\right) \wedge \mathbf{u} \cdot \mathbf{e} = \left(A - T\right) \wedge \mathbf{u} \cdot \mathbf{e} = \mathbf{M}_T \cdot \mathbf{e} = M_r \tag{94}$$

essendo $\left(T - T^{'}\right) \wedge \mathbf{u} \cdot \mathbf{e} = 0$ poiché $\left(T - T^{'}\right)$ ed $\mathbf{e}$ sono paralleli per costruzione.

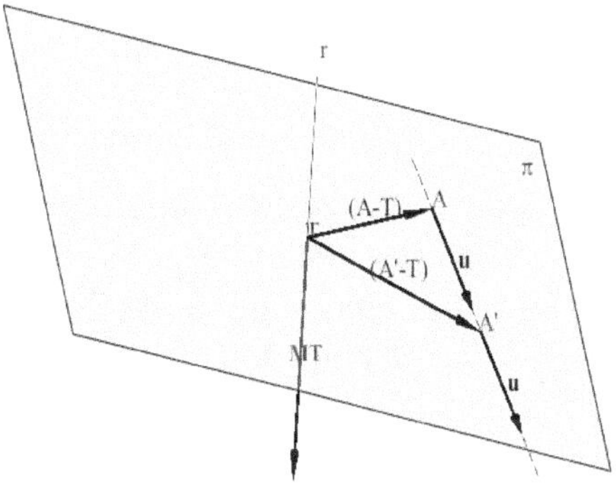

Fig. 26: Conservazione del momento di un vettore al variare del punto di applicazione lungo la retta d'azione

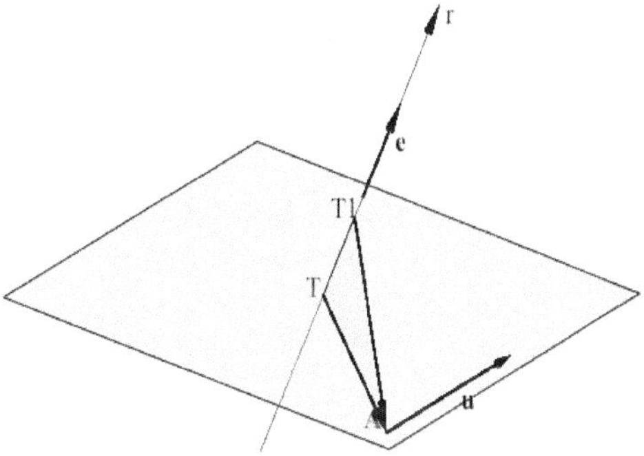

Fig. 27: Conservazione del momento di un vettore al variare del punto di applicazione lungo una retta orientata: momento assiale

2.1.2.b.1. Regola di calcolo del momento assiale

Si distinguono i seguenti 2 casi:

a. $\left(A, \mathbf{u}\right) \perp r$, cioè $\mathbf{u} \cdot \mathbf{e} = 0$;

b. $\left(A, \mathbf{u}\right)$ in posizione generica rispetto ad r

Nel caso a, tra gli ∞ piani perpendicolari ad r, si scelga il piano α che passa per A e pertanto contiene tutto $\mathbf{u}$ stante la condizione $\mathbf{u}\cdot\mathbf{e}=0$. Scelto allora come polo, per il calcolo del momento assiale M_r di $(A,\mathbf{u})$ rispetto ad r, il punto O intersezione di α ed r, cioè $O=\alpha\cap r$, per la (91) si ha

$$M_r=\mathbf{M}_O\cdot\mathbf{e}=(A-O)\wedge\mathbf{u}\cdot\mathbf{e} \tag{95}$$

Detta OH la normale per O alla retta d'azione di $\mathbf{u}$, è

$$(A-O)=(A-H)+(H-O) \tag{96}$$

Sostituendo la (96) nella (95), tenendo conto che $(A-H)\wedge\mathbf{u}=\mathbf{0}$ perché $(A-H)//\mathbf{u}$, si ha

$$M_r=(H-O)\wedge\mathbf{u}\cdot\mathbf{e} \tag{97}$$

Ora, per costruzione, i vettori $(H-O),\mathbf{u},\mathbf{e}$ sono ortogonali a coppie, cioè la terna $\mathrm{T}=\left[(H-O),\mathbf{u},\mathbf{e}\right]$ è trirettangola. Pertanto il prodotto indicato nella (97) è pari al volume del parallelepipedo rettangolo individuato dai 3 vettori di T, con un segno positivo o negativo a seconda che T sia levogira o destrogira. Poiché T è trirettangola il parallelepipedo è rettangolo, e quindi

$$M_r = \pm|H-O||\mathbf{u}||\mathbf{e}| = \pm h|\mathbf{u}| = \pm hu \qquad (98)$$

con il segno + o − a seconda che **u** sia levogiro o destrogiro rispetto ad r (Fig. 28).

Si conclude allora che, il momento assiale di un vettore $(A,\mathbf{u})$ rispetto ad una retta orientata r, nel caso in cui **u** sia ortogonale ad r, è pari al modulo del vettore **u** per la minima distanza della retta di applicazione del vettore dall'asse r, con il segno + o − dipendente dal fatto che **u** sia o meno levogiro rispetto ad r.

Nel caso b, in cui **u** sia comunque disposto rispetto ad r (Fig. 29), scegliendo ancora una volta il piano α ortogonale ad r passante per A,

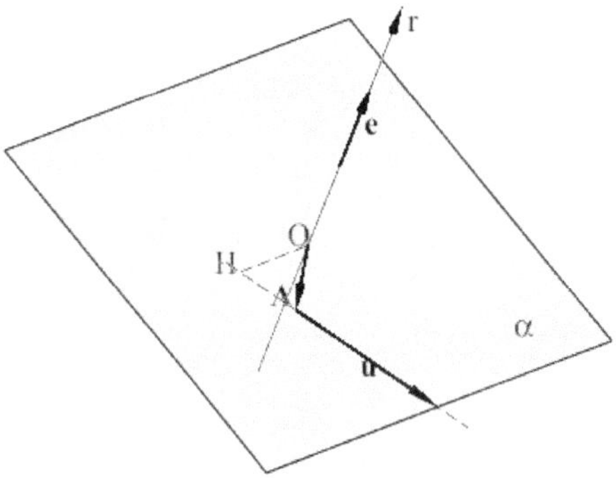

Fig. 28: Regola di calcolo del momento assiale per $\mathbf{u}\cdot\mathbf{e}=0$

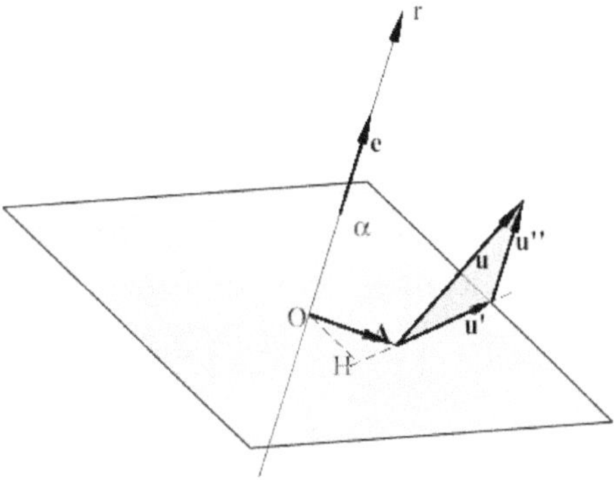

Fig. 29: Regola di calcolo del momento assiale: caso generale

questo non conterrà più, come nel caso a, l'intero vettore **u**. Essendo però α perpendicolare ad r, il vettore **u** può decomporsi in una componente $\mathbf{u}'\in\alpha$ ed una componente $\mathbf{u}''//\mathbf{e}$. E' quindi $\mathbf{u}=\mathbf{u}'+\mathbf{u}''$, che, sostituita nella (91), da luogo a

$$M_r = (A-T)\wedge\mathbf{u}\cdot\mathbf{e} = (A-T)\wedge\mathbf{u}'\cdot\mathbf{e} + (A-T)\wedge\mathbf{u}''\cdot\mathbf{e} = M_r' + M_r'' \qquad (99)$$

Essendo $\mathbf{u}''//\mathbf{e}$ per costruzione, è $M_r'' = (A-T)\wedge\mathbf{u}''$, e pertanto è $M_r = M_r'$, con M_r' momento assiale rispetto all' asse r del vettore $(A,\mathbf{u}')$, cioè di un vettore perpendicolare ad r, ricadendo nel caso a per la sua determinazione.

Pertanto nel caso generale la regola di calcolo del momento assiale rispetto all' asse r di un vettore generico $(A,\mathbf{u})$ è

$$M_r = M_r' = \pm h|\mathbf{u}'| = \pm hu' \tag{100}$$

e cioè il momento assiale di un vettore $(A,\mathbf{u})$ rispetto ad una retta orientata r, è pari al modulo del componente di $\mathbf{u}$ ortogonale ad r per la minima distanza h della retta d'azione del vettore da r, con il segno + o − a seconda che $\mathbf{u}$ sia o meno levogiro rispetto ad r.

Si osserva infine che $M_r = 0$

a) se e solo se $|\mathbf{u}'| = 0$ e cioè se $\mathbf{u} // \mathbf{e} \Leftrightarrow \mathbf{u} \wedge \mathbf{e} = \mathbf{0}$; oppure

b) se e solo se $h = 0$ e cioè se $\mathbf{u}$ ed r si intersecano in O

In entrambi, e solo in questi casi, $\mathbf{u}$ ed r sono complanari.

2.2. SISTEMA DI VETTORI APPLICATI

Un sistema di vettori applicati è un insieme costituito da elementi che sono vettori applicati, del tipo

$$\Sigma = \{(A_i, \mathbf{u}_i)\}_{i=1,..,n} \tag{101}$$

2.2.1. Risultante e momento risultante rispetto ad un polo T di un sistema di vettori applicati

Dato il sistema di vettori applicati Σ, si definisce risultante di Σ il vettore

$$\mathbf{R} = \sum_{i=1}^{n} \mathbf{u}_i \tag{102}$$

Assegnato un polo $T \in S_3$, e detti

$$\mathbf{M}_i = (A_i - T) \wedge \mathbf{u}_i \quad i = 1, \ldots, n \tag{103}$$

i momenti dei vettori $\mathbf{u}_i$ rispetto a T, si dice momento risultante di Σ rispetto a T, il vettore $\mathbf{M}$ che è la somma (ovvero il risultante) dei momenti $\mathbf{M}_i$, cioè

$$\mathbf{M} = \sum_{i=1}^{n} \mathbf{M}_i = \sum_{i=1}^{n} (A_i - T) \wedge \mathbf{u}_i \tag{104}$$

Se tutti i vettori di Σ hanno lo stesso punto di applicazione A, e cioè $A_i = A \quad \forall i = 1,\ldots,n$, la (101) si particolarizza in $\Sigma = \{(A, \mathbf{u}_i)\}_{i=1,..,n}$, il momento risultante (104) di Σ rispetto a T diventa

$$\mathbf{M} = \sum_{i=1}^{n} \mathbf{M}_i = \sum_{i=1}^{n} (A - T) \wedge \mathbf{u}_i = (A - T) \wedge \sum_{i=1}^{n} \mathbf{u}_i = (A - T) \wedge \mathbf{R} \tag{105}$$

La (105) si enuncia dicendo che, il momento risultante di un sistema Σ di vettori applicati tutti in uno stesso punto A rispetto ad un polo T è uguale al momento rispetto a T del solo risultante $\mathbf{R}$ applicato in A (teorema di Varignon).

2.2.1.a. Variazione del momento risultante al variare del polo

Detto T' un nuovo polo, il momento risultante rispetto ad esso del sistema Σ dato dalla (101) è, per la (104)

$$\mathbf{M}_{T'} = \sum_{i=1}^{n} (A_i - T') \wedge \mathbf{u}_i \tag{106}$$

Poiché, come al solito è $(A_i - T') = (A_i - T) + (T - T')$, la (106) può scriversi

$$\mathbf{M}_{T'} = \sum_{i=1}^{n} (A_i - T') \wedge \mathbf{u}_i = \sum_{i=1}^{n} (A_i - T) \wedge \mathbf{u}_i + \sum_{i=1}^{n} (T - T') \wedge \mathbf{u}_i =$$

$$= \mathbf{M}_T + (T - T') \wedge \sum_{i=1}^{n} \mathbf{u}_i$$

(nell'ultimo passaggio il termine $(T-T')$ si è potuto portare fuori dalla sommatoria non dipendendo dall' indice di questa), e, in definitiva, ottenere

$$\mathbf{M}_{T'} = \mathbf{M}_T + (T-T') \wedge \mathbf{R} \tag{107}$$

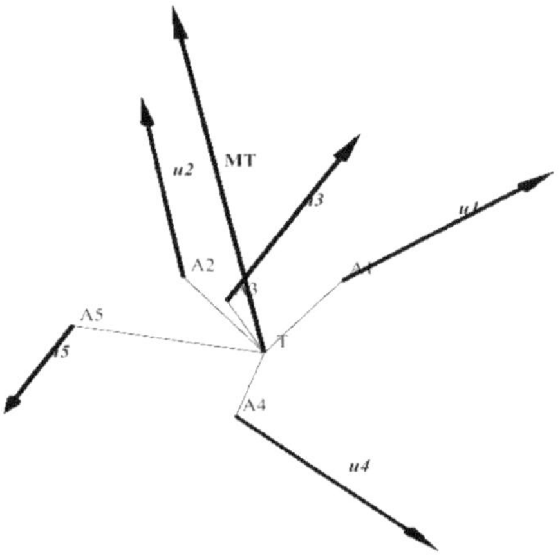

Fig. 30: Momento MT risultante di un sistema di vettori applicati

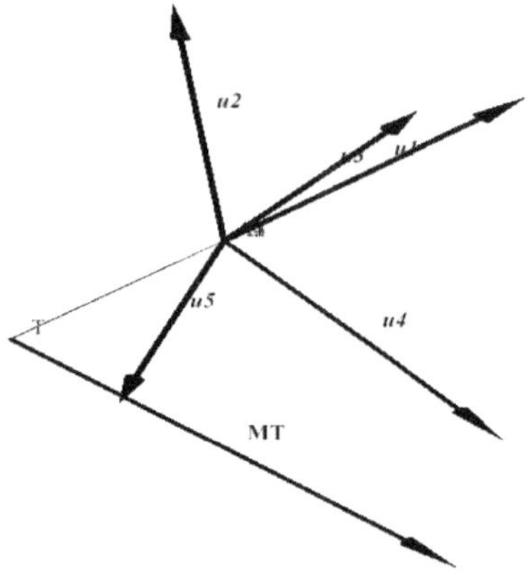

Fig. 31: Th. di Varignon: Momento MT risultante di un sistema di vettori applicati nello stesso punto

La (107) può esprimersi dicendo che, il momento risultante di un sistema Σ di vettori applicati rispetto ad un polo T' è uguale alla somma del momento risultante di Σ rispetto a T e al momento del risultante $\mathbf{R}$ di Σ applicato in T rispetto a T'.

Si osserva che

$$\mathbf{M}_{T'} = \mathbf{M}_T \quad \text{se} \quad (T-T') \wedge \mathbf{R} = \mathbf{0} \tag{108}$$

e cioè

a) se $\mathbf{R} = \mathbf{0}$, oppure
b) se $(T-T') // \mathbf{R}$, e cioè se si fa variare il polo T lungo una retta parallela ad $\mathbf{R}$.

2.2.1.b. Momento risultante rispetto ad una retta orientata r (momento risultante assiale)

Assegnati il sistema di vettori applicati Σ dato dalla (101) e la retta orientata (asse) r di versore $\mathbf{e}$, si definisce momento di Σ rispetto ad r la componente su r del momento risultante di Σ rispetto ad un punto T qualsiasi appartenente ad r, cioè, per la (103)

$$M_r = \mathbf{M}_T \cdot \mathbf{e} = \sum_{i=1}^{n} (A_i - T) \wedge \mathbf{u}_i \cdot \mathbf{e} \qquad \forall T \in r \tag{109}$$

E' evidente, come si dimostrerà in seguito, che la definizione appena data, espressa dalla (109), ha senso solo se la scelta arbitraria del polo T su r non condiziona il valore di M_r.

Infatti, scegliendo come polo su r un diverso punto T', applicando la (109), si ha

$$M_r^{(T')} = \sum_{i=1}^{n} (A_i - T') \wedge \mathbf{u}_i \cdot \mathbf{e} \qquad T' \in r \tag{110}$$

Usando al solito la relazione $(A_i - T') = (A_i - T) + (T - T')$ per T e T' entrambi appartenenti a r e quindi per $(T - T')//r$, la (110) diventa

$$M_r^{(T')} = \sum_{i=1}^{n} (A_i - T) \wedge \mathbf{u}_i \cdot \mathbf{e} + \sum_{i=1}^{n} (T - T') \wedge \mathbf{u}_i \cdot \mathbf{e} \qquad (T - T')//r$$

in cui $\sum_{i=1}^{n} (T - T') \wedge \mathbf{u}_i \cdot \mathbf{e} = 0$ essendo $(T - T')//r$ e pertanto $M_r^{(T')} = M_r^{(T)} \quad \forall T, T' \in r$ che è quanto si voleva dimostrare.

Si osservi che, il generico i-esimo termine della (109) è il momento assiale rispetto a r del generico $(A_i, \mathbf{u}_i)$ e quindi, tenendo conto anche della regola del momento assiale data dalla (100), può scriversi

$$M_r = \sum_{i=1}^{n} M_{r_i} = \sum_{i=1}^{n} \pm\delta_i \left|\mathbf{u}_i'\right| = \sum_{i=1}^{n} \pm\delta_i u_i' \tag{111}$$

dove con δ_i si indica la minima distanza del generico vettore $\mathbf{u}_i$ da r, con $u_i^{'}$ la componente del generico vettore $\mathbf{u}_i$ perpendicolare ad r affetta dal segno + o − a seconda che $\mathbf{u}_i$ sia o meno levogiro rispetto ad r.

2.2.1.c. Invariante scalare di un sistema di vettori applicati

Si definisce invariante scalare di un sistema di vettori applicati Σ, di risultante $\mathbf{R}$ e momento risultante $\mathbf{M}_O$ rispetto ad un polo qualsiasi O, la quantità scalare

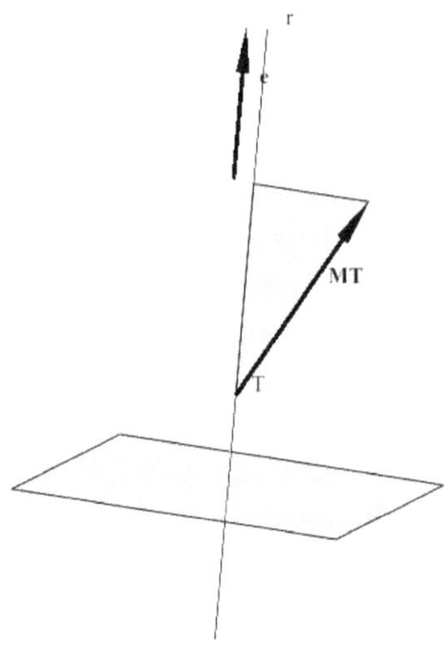

Fig. 32: Momento risultante assiale

$$I = \mathbf{M}_O \cdot \mathbf{R} \tag{112}$$

Il termine invariante è dovuto al fatto che la quantità I è indipendente dalla scelta del polo rispetto a cui si calcola il momento $\mathbf{M}_O$. Infatti, detti T e T' due poli qualsiasi, moltiplicando scalarmente per $\mathbf{R}$ i due membri della (107), si ha

$$\mathbf{M}_{T'} \cdot \mathbf{R} = \mathbf{M}_T \cdot \mathbf{R} + \left(T - T'\right) \wedge \mathbf{R} \cdot \mathbf{R} = \mathbf{M}_T \cdot \mathbf{R} \quad \forall T, T' \in S_3 \tag{113}$$

essendo $\left(T - T'\right) \wedge \mathbf{R} \cdot \mathbf{R} = 0$ perché $\left(T - T'\right) \wedge \mathbf{R} \perp \mathbf{R}$. Dalla (113), si ricava allora

$$I = \mathbf{M}_{T'} \cdot \mathbf{R} = \mathbf{M}_T \cdot \mathbf{R} \quad \forall T, T' \in S_3 \tag{114}$$

2.2.2. Coppia (di vettori)

Si definisce coppia, il particolare sistema Σ di vettori applicati costituito da 2 soli vettori applicati, uguali (nel senso di uguale modulo e uguale direzione) e opposti (di verso opposto). Pertanto una coppia è definita da

$$\Sigma = \left\{ \left(A_1, \mathbf{u}\right), \left(A_2, -\mathbf{u}\right) \right\} \tag{115}$$

Poiché i 2 vettori della coppia Σ sono paralleli individuano un piano α detto piano della coppia.

Il risultante della coppia Σ è sempre nullo per definizione, infatti per la (102) è:

$$\mathbf{R} = \mathbf{u} + (-\mathbf{u}) = \mathbf{0} \tag{116}$$

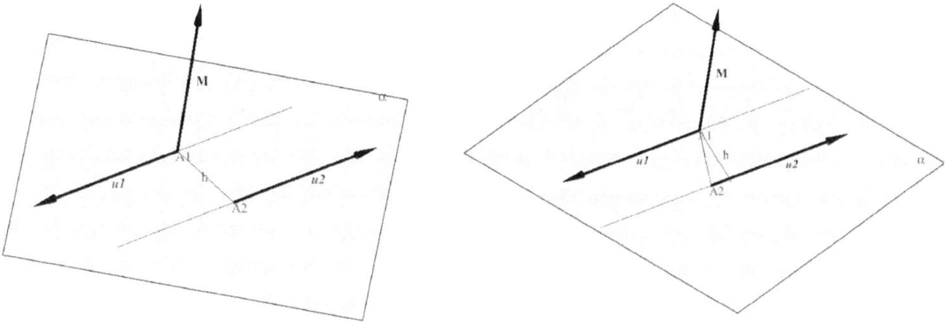

Fig. 33: Coppia di vettori

Il momento risultante $\mathbf{M}_T$ della coppia Σ, essendo $\mathbf{R} = \mathbf{0}$, è per la (108), indipendente dal polo T e pertanto può essere indicato semplicemente con $\mathbf{M}$. Per determinarlo, facendo riferimento alla coppia (115) e scegliendo come polo A_1, si ha

$$\mathbf{M} = (A_2 - A_1) \wedge (-\mathbf{u}) \tag{117}$$

$\mathbf{M}$ è, dunque, il vettore ortogonale alla congiungente $\overline{A_1A_2}$ i punti di applicazione dei vettori della coppia nonché ai vettori $\mathbf{u}$ stessi, e pertanto è ortogonale al piano α della coppia; il suo verso è tale che, applicato in A_1 veda $(A_2, -\mathbf{u})$ levogiro.

Per determinarne il modulo si osservi dapprima che, assegnato $\mathbf{M}$, esistono ∞ coppie di tale momento che si ottengono nel modo seguente. Si consideri anzitutto il piano α ortogonale ad $\mathbf{M}$ e si scelgano 2 vettori opposti in tale piano, di uguale lunghezza e tali che se si applica $\mathbf{M}$ nel punto di applicazione del primo di questi, l'altro appaia ad $\mathbf{M}$ levogiro. Il modulo di tali vettori sarà $|\mathbf{u}| = \frac{|\mathbf{M}|}{h}$ con h, detta braccio della coppia, distanza tra i vettori della coppia (Fig. 33). Infatti, dalla definizione (117) è

$$|\mathbf{M}| = |A_2 - A_1||-\mathbf{u}|\sin\varphi = |-\mathbf{u}| \cdot h = |\mathbf{u}| \cdot h \tag{118}$$

e, quindi, $h = \frac{|\mathbf{M}|}{|\mathbf{u}|}$.

2.2.3. Asse centrale di un sistema di vettori applicati con risultante non nullo

Si definisce asse centrale di un sistema Σ di vettori applicati con risultante $\mathbf{R} \neq \mathbf{0}$, il luogo dei punti Ω dello spazio rispetto a cui il momento risultante di Σ, $\mathbf{M}_\Omega$, è nullo o parallelo ad $\mathbf{R}$, e cioè

$$\mathbf{M}_\Omega = \lambda \mathbf{R} \qquad \forall \lambda \in [-\infty, +\infty] \tag{119}$$

Sarà allora necessario dimostrare che, per un generico sistema Σ di vettori applicati con risultante non nullo, l'insieme dei punti Ω dello spazio rispetto a cui il momento risultante è nullo è effettivamente un asse, e cioè una retta passante per uno specifico punto.

Assegnato quindi Σ, siano O ed Ω 2 poli per i quali vale quindi la (107)

$$\mathbf{M}_\Omega = \mathbf{M}_O + (O - \Omega) \wedge \mathbf{R} \tag{120}$$

Si vuole trovare l'insieme dei punti Ω per i quali valga la (119) Sostituendo allora quest' ultima nella (120), si ha

$$\lambda \mathbf{R} = \mathbf{M}_O + (O - \Omega) \wedge \mathbf{R} \tag{121}$$

che, riarrangiata, fornisce

$$(\Omega - O) \wedge \mathbf{R} = \mathbf{M}_O - \lambda \mathbf{R} \tag{122}$$

La (122) è, nell' incognita $(\Omega - O)$, un' equazione vettoriale proprio del tipo della (71): basta infatti porre $(\Omega - O) = \mathbf{v}$, $\mathbf{R} = \mathbf{a}$ e $\mathbf{M}_O - \lambda \mathbf{R} = \mathbf{b}$. La soluzione è pertanto (nell' ipotesi $\mathbf{a} = \mathbf{R} \neq \mathbf{0}$) ottenuta, dalla (75)

$$(\Omega - O) = \frac{\mathbf{R} \wedge (\mathbf{M}_O - \lambda \mathbf{R})}{R^2} + \mu \mathbf{R} \quad \forall \mu \in [-\infty, +\infty] \tag{123}$$

ed essendo $\mathbf{R} \wedge \lambda \mathbf{R} = \mathbf{0}$, per il parallelismo dei vettori, si ha

$$(\Omega - O) = \frac{\mathbf{R} \wedge \mathbf{M}_O}{R^2} + \mu \mathbf{R} \quad \forall \mu \in [-\infty, +\infty] \tag{124}$$

La (123) può essere messa nella forma

$$\Omega - O + \frac{\mathbf{R} \wedge \mathbf{M}_O}{R^2} = \mu \mathbf{R} \quad \forall \mu \in [-\infty, +\infty]$$

dalla quale, posto (per la definizione data nel par. 1.3.2)

$$H = O + \frac{\mathbf{R} \wedge \mathbf{M}_O}{R^2} \tag{125}$$

si ha

$$\Omega - H = \mu \mathbf{R} \quad \forall \mu \in [-\infty, +\infty] \tag{126}$$

La (126) mostra che, il luogo dei punti Ω (al variare di μ) rispetto ai quali il momento risultante $\mathbf{M}_\Omega$ è nullo o parallelo ad $\mathbf{R}$, è la retta parallela ad $\mathbf{R}$ passante per H, con quest'ultimo dato dalla (125).

Dalla definizione di invariante scalare di Σ, data dalla (112), applicata ai punti dell' asse centrale di Σ, tenendo conto della (119) (valida $\forall \lambda \in [-\infty, +\infty]$), si ha $I = \mathbf{M}_\Omega \cdot \mathbf{R} = \lambda \mathbf{R} \cdot \mathbf{R} = \lambda R^2$ ovvero $\lambda = \frac{I}{R^2}$ e quindi

$$\mathbf{M}_\Omega = \frac{I}{R^2} \mathbf{R} \tag{127}$$

La (127) evidenzia che, il momento risultante di Σ è lo stesso per tutti i punti Ω dell'asse centrale e ne determina il valore.

Si osserva ancora che, l'asse centrale è anche il luogo dei punti di momento risultante minimo per il sistema di vettori applicati Σ. Sia, infatti, T un polo non appartenente all'asse centrale. Per esso, qualunque sia Ω un punto dell' asse centrale, si può scrivere ((107))

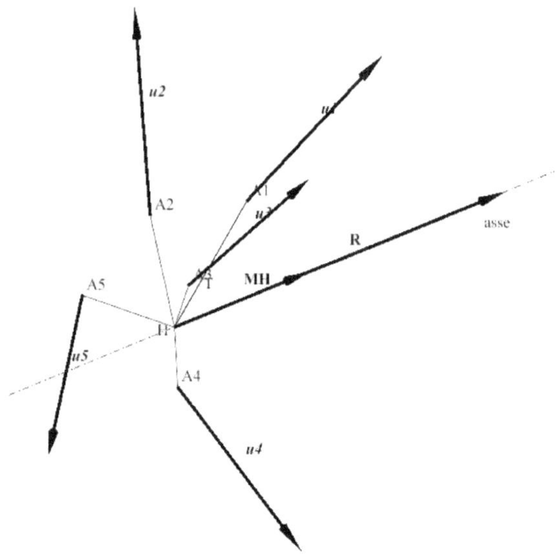

Fig. 34: Asse centrale di un sistema di vettori applicati

$$\mathbf{M}_T = \mathbf{M}_\Omega + (\Omega - T) \wedge \mathbf{R} \tag{128}$$

Quadrando entrambi i membri della (128), si ha

$$\mathbf{M}_T^{\ 2} = \mathbf{M}_\Omega^{\ 2} + 2\mathbf{M}_\Omega \cdot (\Omega - T) \wedge \mathbf{R} + \left[(\Omega - T) \wedge \mathbf{R} \right]^2 \tag{129}$$

Essendo però $2\mathbf{M}_\Omega \cdot (\Omega - T) \wedge \mathbf{R} = 0$ perché $\mathbf{M}_\Omega // \mathbf{R}$, la (129) diventa $\mathbf{M}_T^{\ 2} = \mathbf{M}_\Omega^{\ 2} + \left[(\Omega - T) \wedge \mathbf{R} \right]^2$ e quindi

$$|\mathbf{M}_T| < |\mathbf{M}_\Omega| \qquad \forall T \tag{130}$$

che è quanto si voleva far vedere.

In Fig. 34, è riportato un esempio di asse centrale per lo stesso sistema di vettori applicati riportato in Fig. 30, che evidenzia che il momento risultante rispetto al punto H, $\mathbf{M_H}$, è parallelo al risultante $\mathbf{R}$ del sistema.

2.2.4. Campi vettoriali

Sia assegnata una funzione vettoriale che ad ogni punto $T \in S_3$ fa corrispondere il vettore $\mathbf{v}_T$ applicato in un certo punto. Se tale punto di applicazione è proprio T si ha un insieme X di vettori applicati $(T, \mathbf{v}_T)$ in cui $\mathbf{v}_T$ è proprio il vettore corrispondente al valore della funzione nel suo punto di applicazione. In tal caso il sistema X è detto campo vettoriale. In simboli

$$\mathrm{X} = \{(T, \mathbf{v}_T)\}_{\forall T \in S_3} \text{ è un campo vettoriale} \overset{def}{\Leftrightarrow} \forall T \in S_3 \rightarrow \mathbf{v}_T \tag{131}$$

2.2.4.a. Esempio: campo vettoriale momento

Un esempio di campo vettoriale può darsi nel seguente modo. Si consideri un sistema (generico) di vettori applicati $\Sigma = \{(A_i, \mathbf{u}_i)\}_{i=1,..,n}$. Si definisce la funzione vettoriale che ad ogni punto $P \in S_3$ fa corrispondere il momento risultante di Σ, $\mathbf{M}_P = \sum_{i=1}^{n} (A_i - P) \wedge \mathbf{u}_i$ che, in generale, è un vettore libero. Ora, il sistema di vettori $\Gamma = \{(P, \mathbf{M}_P)\}_{\forall P \in S_3}$, ottenuto cioè applicando nel polo P il vettore momento risultante di Σ rispetto a P, costituisce, secondo la definizione data dalla (131), un campo vettoriale. In questo particolare esempio, essendo i vettori $\mathbf{M}_P$ del campo Γ, a loro volta, i momenti risultanti di un sistema di vettori applicati Σ, Γ si dice campo vettoriale momento. In simboli allora

$$\begin{array}{c} \Gamma = \{(P, \mathbf{M}_P)\}_{\forall P \in S_3} \\ \text{è un campo} \\ \text{vettoriale momento} \end{array} \overset{def}{\Leftrightarrow} \begin{cases} \Sigma = \{(A_i, \mathbf{u}_i)\}_{i=1,..,n} \\ \forall P \in S_3 \rightarrow \mathbf{M}_P = \sum_{i=1}^{n} (A_i - P) \wedge \mathbf{u}_i \end{cases} \tag{132}$$

Si osservi che, dato il campo vettoriale momento definito dalla (132), scelti 2 punti $\forall P, Q \in S_3$, ad essi corrispondono 2 vettori del campo Γ :

$$\begin{array}{l} P \rightarrow (P, \mathbf{M}_P) \in \Gamma \\ Q \rightarrow (Q, \mathbf{M}_Q) \in \Gamma \end{array}$$ tra i quali esiste la relazione ottenuta dalla (107)

$$\mathbf{M}_Q = \mathbf{M}_P + (P-Q)\wedge \mathbf{R} \tag{133}$$

(con $\mathbf{R}$ risultante di Σ). Moltiplicando scalarmente per $(Q-P)$ ambo i membri della (133), si ha

$$(\mathbf{M}_Q - \mathbf{M}_P)\cdot(Q-P) = (P-Q)\wedge \mathbf{R}\cdot(Q-P) \tag{134}$$

in cui il secondo membro è nullo essendo $(P-Q)\wedge \mathbf{R} \perp (Q-P)$. Si giunge pertanto alla conclusione che

$$\begin{cases} \text{Se } \Gamma = \{(P,\mathbf{M}_P)\}_{\forall P\in S_3} \\ \text{è un campo vettoriale momento} \end{cases} \Rightarrow \begin{matrix} (\mathbf{M}_Q - \mathbf{M}_P)\cdot(Q-P) = 0 \\ \forall P \in S_3 \end{matrix} \tag{135}$$

Si tralascia in questa sede anche la dimostrazione dell'implicazione inversa nella (135) (e che pertanto la rende una proprietà dei campi vettoriali), che pure è valida, e cioè che

se $X = \{(T,\mathbf{v}_T)\}_{\forall T\in S_3}$ è un campo vettoriale i cui vettori verificano che comunque si prendano 2 punti P,Q del dominio S_3 è $(\mathbf{v}_Q - \mathbf{v}_P)\cdot(Q-P) = 0$, allora X è un campo vettoriale momento, il che vuol dire che esisterà (almeno) un sistema di vettori applicati, diciamolo Σ, il cui momento risultante rispetto ad ogni polo T è proprio $\mathbf{v}_T$.

In definitiva quindi, la proprietà dei campi vettoriali momento è

$$\begin{cases} \text{Se } \Gamma = \{(P,\mathbf{M}_P)\}_{\forall P\in S_3} \\ \text{è un campo vettoriale momento} \end{cases} \Leftrightarrow \begin{matrix} (\mathbf{M}_Q - \mathbf{M}_P)\cdot(Q-P) = 0 \\ \forall P,Q \in S_3 \end{matrix} \tag{136}$$

2.2.5. Sistemi di vettori applicati equivalenti

Siano assegnati 2 sistemi di vettori applicati $\Sigma = \{(A_i,\mathbf{u}_i)\}_{i=1,..,n}$ e $\Sigma' = \{(A'_i,\mathbf{u}'_i)\}_{i=1,..,n'}$, ad ognuno dei quali si associno, rispettivamente, il proprio risultante ed il proprio momento risultante rispetto ad uno stesso polo T

$$\Sigma \rightarrow \{\mathbf{R},\mathbf{M}_T\}; \quad \Sigma' \rightarrow \{\mathbf{R}',\mathbf{M}'_T\} \tag{137}$$

I sistemi Σ e Σ' si dicono equivalenti se hanno uguale risultante ed uguale momento risultante rispetto a qualsiasi polo T. In simboli

$$\Sigma \equiv \Sigma' \overset{def}{\Leftrightarrow} \begin{cases} \mathbf{R} = \mathbf{R}' \\ \mathbf{M}_T = \mathbf{M}'_T \quad \forall T \end{cases} \tag{138}$$

Si osserva da subito che, l' uguaglianza $\mathbf{M}_T = \mathbf{M}'_T$ per un certo polo T, implica l' uguaglianza $\mathbf{M}_{T'} = \mathbf{M}'_{T'}$ per qualsiasi altro polo T'. Infatti, essendo per la (107), $\mathbf{M}_{T'} = \mathbf{M}_T + (T - T') \wedge \mathbf{R}$ per il sistema Σ e $\mathbf{M}'_{T'} = \mathbf{M}'_T + (T - T') \wedge \mathbf{R}'$ per il sistema Σ', sottraendo membro a membro e usando la prima condizione (138) che definisce l'equivalenza, la condizione $\mathbf{R} = \mathbf{R}'$ comporta $\mathbf{M}_{T'} = \mathbf{M}'_{T'} \quad \forall T'$.

Si ha pertanto il

2.2.5.a.1. 1° criterio di equivalenza tra sistemi di vettori applicati

Due sistemi di vettori applicati del tipo (137), sono equivalenti se e solo se hanno lo stesso risultante e lo stesso momento risultante rispetto ad un polo T; in simboli

$$\Sigma \equiv \Sigma' \Leftrightarrow \begin{cases} \mathbf{R} = \mathbf{R}' \\ \mathbf{M}_T = \mathbf{M}'_T \end{cases} \tag{139}$$

(n.b.: la (139) non è la definizione (138) proprio perché manca la specificazione "$\forall T$" che ne è invece una implicazione)

2.2.5.a.2. 2° criterio di equivalenza tra sistemi di vettori applicati

Due sistemi di vettori applicati del tipo (137), sono equivalenti se e solo se esistono 3 punti $T_i \quad \forall i = 1,2,3$ dello spazio, non allineati sulla stessa retta, rispetto ai quali i rispettivi momenti risultanti dei 2 sistemi sono uguali; in simboli

$$\Sigma \equiv \Sigma' \Leftrightarrow \exists T_i \text{ non allineati}: \ \mathbf{M}_{T_i} = \mathbf{M}'_{T_i} \quad \forall i = 1,2,3 \tag{140}$$

La necessarietà della condizione (140) è banalmente verificata, poiché se Σ e Σ' sono equivalenti hanno uguali momenti risultanti rispetto a qualsiasi polo.

Per dimostrarne la sufficienza si procede invece nel modo seguente. Si considerino, per ognuno dei 2 sistemi Σ e Σ', le relazioni (107) di variazione del momento risultante al variare del polo

$$\begin{aligned} \mathbf{M}_{T_i} &= \mathbf{M}_{T_j} + \left(T_j - T_i\right) \wedge \mathbf{R} \\ \mathbf{M}'_{T_i} &= \mathbf{M}'_{T_j} + \left(T_j - T_i\right) \wedge \mathbf{R}' \end{aligned} \quad \forall i = 1,2,3 \tag{141}$$

Sottraendo membro a membro le (141), tenendo conto dell' ipotesi $\mathbf{M}_{T_i} = \mathbf{M}'_{T_i} \quad \forall i = 1,2,3$ nella (140), si ha

$$\mathbf{0} = \left(T_j - T_i\right) \wedge \left(\mathbf{R} - \mathbf{R}'\right) \quad \forall i = 1,2,3 \tag{142}$$

Le 3 relazioni (142), essendo i punti T_1, T_2, T_3 distinti, non possono verificarsi per l'annullamento dei termini $\left(T_j - T_i\right)$; inoltre, per l' ipotesi di non allineamento dei punti T_1, T_2, T_3, non possono essere soddisfatte tutte contemporaneamente per il parallelismo dei vettori $\left(T_j - T_i\right)$ con il vettore $\left(\mathbf{R} - \mathbf{R}'\right)$. Pertanto, per essere verificata la (142), non può che essere

$\mathbf{R}-\mathbf{R}'=\mathbf{0}$ e quindi $\mathbf{R}=\mathbf{R}'$. Quest' ultima condizione, insieme alla uguaglianza dei 3 momenti risultanti, verifica il 1° criterio e dimostra la sufficienza della (140).

2.2.5.b. Sistema di vettori applicati equivalente a 0 (zero) o equilibrato

Un sistema di vettori applicati (101) si dirà equivalente a **0** (**zero**), o equilibrato, se ha nulli sia il risultante **R** che il momento risultante rispetto ad un polo T (e quindi a qualsiasi altro polo); in simboli, tenendo conto delle (102) e (104),

$$\Sigma \equiv \mathbf{0} \Leftrightarrow \begin{cases} \mathbf{R}=\sum_{i=1}^{n}\mathbf{u}_i=\mathbf{0} \\ \mathbf{M}_T=\sum_{i=1}^{n}(A_i-T)\wedge\mathbf{u}_i=\mathbf{0} \end{cases} \tag{143}$$

Si osserva che, se Σ è composto da soli due vettori, cioè $\Sigma=\{(A_1,\mathbf{u}_1),(A_2,\mathbf{u}_2)\}$, affinché sia $\Sigma\equiv\mathbf{0}$, è necessario che i 2 vettori costituiscano una coppia di braccio h nullo, cioè

$$\Sigma=\{(A_1,\mathbf{u}_1),(A_2,\mathbf{u}_2)\}\equiv\mathbf{0}\Rightarrow\begin{cases}\mathbf{u}_2=-\mathbf{u}_1\\ h=0\end{cases} \tag{144}$$

Inoltre, se Σ è una coppia (115) di momento $\mathbf{M}$, essendo per definizione $\mathbf{R}=\mathbf{0}$ (116), un sistema ad esso equivalente può indicarsi con

$\Sigma' \equiv \{\mathbf{M}\}$, cioè un sistema costituito solo dal vettore libero momento della coppia rappresentativo di un sistema di 2 vettori applicati uguali e opposti.

Si osserva ancora che, ogni sistema di vettori applicati è equivalente ad un sistema costituito da un (opportuno) vettore applicato ed una (opportuna) coppia. Infatti, assegnato, secondo la (101), il sistema di vettori applicati $\Sigma = \{(A_i, \mathbf{v}_i)\}_{i=1,..,n}$ di risultante $\mathbf{R} = \sum_{i=1}^{n} \mathbf{v}_i$ e momento risultante rispetto ad un polo T, $\mathbf{M}_T$, è facile verificare che il sistema Σ', costituito da un vettore pari al risultante $\mathbf{R}$ applicato in T e ad una coppia di momento $\mathbf{M}_T$, cioè $\Sigma' \equiv \{(T, \mathbf{R}), \mathbf{M}_T\}$, è equivalente a Σ (basta vedere che il risultante è banalmente lo stesso calcolare $\mathbf{M}_T' = \mathbf{M}_T + (T - T) \wedge \mathbf{R} = \mathbf{M}_T$).

2.2.5.c. Equivalenza di ogni sistema di vettori applicati ad un sistema di 2 vettori di cui uno applicato in un punto arbitrario

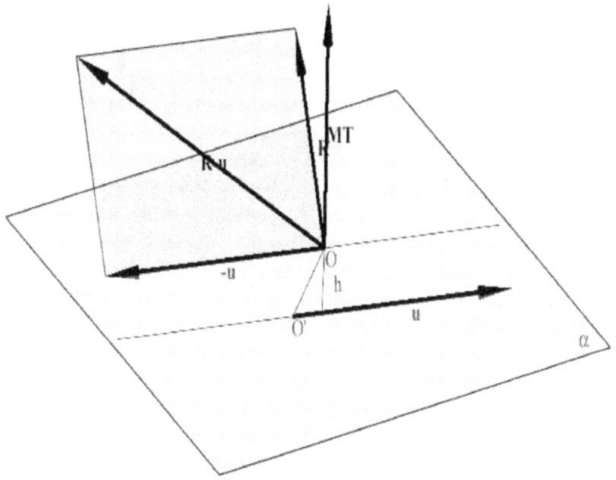

Fig. 35: Equivalenza di un sistema di vettori applicati ad uno costituito da 2 vettori

Assegnato un sistema di vettori applicati $\Sigma=\{(A_i,\mathbf{v}_i)\}_{i=1,..,n}$, di risultante $\mathbf{R}$ e momento risultante $\mathbf{M}_T$, e scelto un punto arbitrario O, si vuole costruire un sistema equivalente Σ' costituito da un vettore $\mathbf{u}$ applicato in O e un vettore $\mathbf{u}'$ applicato in un opportuno O', cioè $\Sigma'=\{(O,\mathbf{u}),(O',\mathbf{u}')\}$. Dovrà allora essere (per le (139))

$$\begin{aligned}&\mathbf{R}'=\mathbf{u}+\mathbf{u}'=\mathbf{R}\\&\mathbf{M}_T'=(O-T)\wedge\mathbf{u}+(O'-T)\wedge\mathbf{u}'=\mathbf{M}_T\end{aligned}\tag{145}$$

Si considerino, allora (Fig. 35), il piano $\alpha\perp\mathbf{M}_T$ passante per il punto O e si applichino sia il vettore $-\mathbf{u}$ che il vettore $\mathbf{M}_T$ proprio in O. Si disegnino le due rette parallele a $-\mathbf{u}$, a distanza da questo $h=\frac{M_T}{u}$. Si applichi un vettore pari a $\mathbf{u}$ nel punto O' di quella di tali rette per cui $\mathbf{u}$ appare levogiro ad $\mathbf{M}_T$. Il sistema di 3 vettori applicati così ottenuto,

$$\Sigma^* = \{(O',\mathbf{u}),(O,-\mathbf{u}),(O,\mathbf{R})\} \tag{146}$$

è equivalente a Σ. Infatti il risultante di Σ^* è $\mathbf{R}^* = \mathbf{R}+\mathbf{u}-\mathbf{u}=\mathbf{R}$ ed il momento risultante $\mathbf{M}^* = \mathbf{M}_O + (O-O')\wedge\mathbf{u}$ è pari a $\mathbf{M}_T$ se si prende $h = OO' = \dfrac{M_T}{u}$.

A questo punto il sistema

$$\Sigma' = \{(O,\mathbf{R}-\mathbf{u}),(O',\mathbf{u})\}, \tag{147}$$

appunto costituito da 2 vettori, di cui uno applicato in un punto arbitrario O, è equivalente a Σ^*, a sua volta equivalente a Σ e , pertanto è $\Sigma \equiv \Sigma'$.

2.2.5.d. Caso di equivalenza di un sistema di vettori applicati ad un unico vettore applicato

Si dimostra che, condizione necessaria e sufficiente perché un sistema di vettori applicati Σ, di risultante $\mathbf{R}$ e momento risultante $\mathbf{M}_T$, sia equivalente ad un solo vettore applicato o ad una coppia, è che il suo invariante scalare (112) $I = \mathbf{M}_T \cdot \mathbf{R}$ sia nullo.

In particolare quindi, dovendo essere $I = \mathbf{M}_T \cdot \mathbf{R} = 0$, Σ è equivalente

a. ad un solo vettore applicato, in particolare al proprio risultante $\mathbf{R}$ applicato in un punto dell' asse centrale se $\mathbf{M}_T = \mathbf{0}$ e

b. ad una sola coppia se $\mathbf{R} = \mathbf{0}$,

2.2.6. Sistema di vettori applicati piano

Un sistema di vettori applicati Σ (101) si dice piano se tutti i vettori appartengono allo stesso piano.

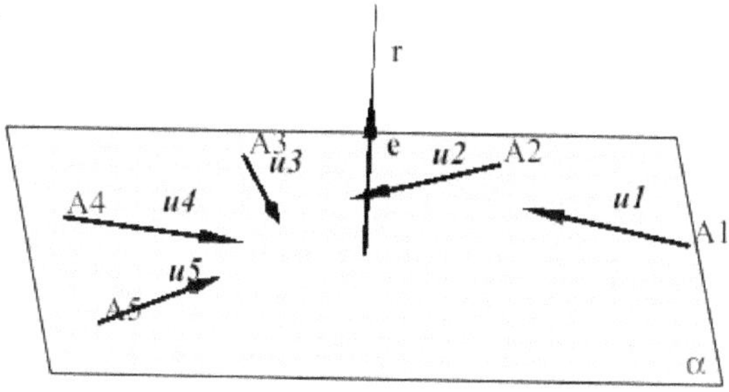

Fig. 36: Sistema piano di vettori applicati

$$\Sigma = \{(A_i, \mathbf{u}_i)\}_{i=1,..,n} \text{ piano } \Leftrightarrow \exists \alpha: \ \forall (A_i, \mathbf{u}_i) \in \alpha \ \ \forall i = 1,..,n \qquad (148)$$

E' evidente come, nel caso in cui Σ sia piano, anche il risultante $\mathbf{R}$ (102) appartenga ad α.

Sia α il piano dei vettori e T un polo appartenente anch' esso ad α. Allora il momento risultante $\mathbf{M}_T$ (104) è perpendicolare ad α (Fig. 36).

Ma allora $\mathbf{R}$ e $\mathbf{M}_T$ sono perpendicolari tra loro e, quindi, l' invariante scalare I (112) di un sistema di vettori applicati piano è nullo. Allora, per quanto detto nel paragrafo 2.2.5.d, Σ piano è equivalente al solo risultante $\mathbf{R}$ applicato in un punto dell' asse centrale se $\mathbf{R} \neq \mathbf{0}$ o ad una coppia di momento il momento risultante $\mathbf{M}$ se $\mathbf{R} = \mathbf{0}$

Quanto precede è espresso in simboli di seguito

$$\text{Se} \begin{cases} \Sigma = \left\{ \left(A_i, \mathbf{u}_i \right) \right\}_{i=1,..,n} \in \alpha \\ \forall T \in \alpha \end{cases} \Rightarrow \begin{cases} \mathbf{R} \in \alpha \\ \mathbf{M}_T \perp \alpha \end{cases} \Rightarrow I =_T \cdot \mathbf{R} = 0 \Rightarrow$$
$$\Rightarrow \Sigma_{eq} = \begin{matrix} \left\{ \left(O, \mathbf{R} \right) \right\} & \text{se } \mathbf{R} \neq \mathbf{0} \\ \left\{ \mathbf{M} \right\} & \text{se } \mathbf{R} = \mathbf{0} \end{matrix} \tag{149}$$

2.2.6.a.1. Momento risultante scalare

Per un sistema di vettori applicati piano si definisce il momento risultante scalare. Infatti, detto α il piano dei vettori e T un polo appartenente anch' esso ad α (Fig. 37), tracciata per T la retta r perpendicolare ad α orientata arbitrariamente assegnandone il suo versore $\mathbf{e}$, essendo $\mathbf{M}_T$ perpendicolare ad α è $\mathbf{M}_T$ parallelo ad $\mathbf{e}$ e, pertanto, esiste uno scalare m tale che

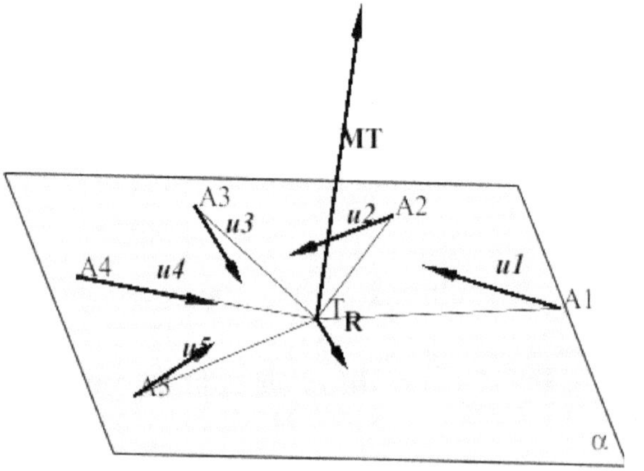

Fig. 37: Risultante e momento risultante di un sistema di vettori piano. Momento risultante

$$\mathbf{M}_T = m \cdot \mathbf{e} \tag{150}$$

Si consideri il momento assiale di Σ rispetto alla retta orientata r (109)

$$M_r = \mathbf{M}_T \cdot \mathbf{e} = m\mathbf{e} \cdot \mathbf{e} = m, \tag{151}$$

e dalla (150) si ha

$$\mathbf{M}_T = M_r \cdot \mathbf{e} \tag{152}$$

Pertanto per un sistema di vettori applicati piano (e solo per esso), il momento risultante è individuato se si conosce il momento rispetto alla retta r perpendicolare al piano α dei vettori, incidente nel polo.

Si tenga presente che, sempre dalla (150), il momento risultante assiale di un sistema di vettori applicati rispetto ad una retta r orientata è la somma dei momenti assiali dei singoli vettori $\mathbf{u}_i$, ognuno dato dal prodotto del modulo del vettore per la distanza δ_i del suo punto di applicazione da r, presa con segno $+$ o $-$ a seconda che $\mathbf{u}_i$ sia levogiro o destrogiro rispetto ad r (Fig. 37); pertanto

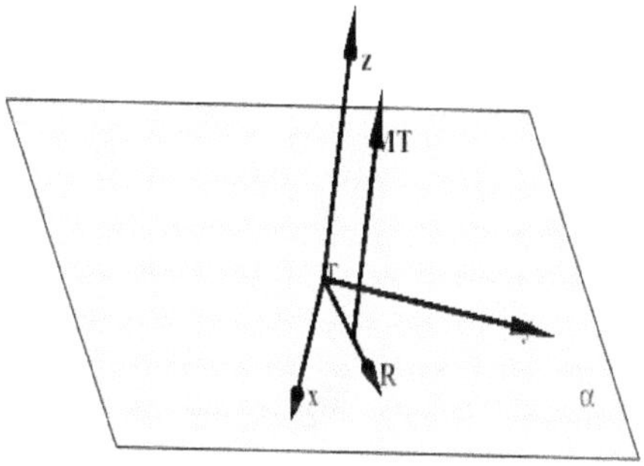

Fig. 38: Equivalenza a zero di un sistema di vettori piano

$$M_r = \sum_{i=1}^{n} (M_i)_r = \sum_{i=1}^{n} \delta_i |\mathbf{u}_i| \tag{153}$$

Allora le condizioni di equivalenza a $\mathbf{0}$ (zero, sistema di vettori equilibrato) (143) di un sistema di vettori applicati piano si riducono nel numero di equazioni scalari da imporre. Se, infatti, si sceglie un sistema di riferimento con l' asse $z \equiv r$ (e cioè con il piano $\pi_{xy} \equiv \alpha$ piano dei vettori, Fig. 38) si ha

$$\mathbf{R} = \begin{bmatrix} R_x & R_y & 0 \end{bmatrix} \quad \mathbf{M} = \begin{bmatrix} 0 & 0 & M_z \end{bmatrix} \tag{154}$$

per cui il

*2.2.6.a.2. 1° criterio di equivalenza a **0** (zero, sistema di vettori equilibrato)*

(139) diventa

$$\begin{cases} R_x = 0 \\ R_y = 0 \\ M_z = 0 \end{cases} \tag{155}$$

ed il

*2.2.6.a.3. 2° criterio di equivalenza a **0** (zero, sistema di vettori equilibrato)*

(140) diventa

$$M_{zi} = 0 \quad \forall i = 1, \ldots, 3 \tag{156}$$

2.2.7. Sistema di vettori paralleli

Un sistema di vettori applicati (101) tutti paralleli ad una stessa direzione si dice sistema di vettori paralleli. Detto $\mathbf{e}$ il versore nella direzione comune dei vettori $\mathbf{u}_i$, può scriversi $\mathbf{u}_i = f_i \mathbf{e}$ dove ovviamente è $f_i = |\mathbf{u}_i|$, e pertanto la (101) diventa

$$\Sigma = \{(A_i, \mathbf{u}_i)\}_{i=1,..,n} = \{(A_i, f_i \mathbf{e})\}_{i=1,..,n} \tag{157}$$

Per esso l' invariante scalare (112) è nullo, cioè

$$I = \mathbf{M}_T \cdot \mathbf{R} = 0 \quad \forall T \tag{158}$$

Infatti (Fig. 39) il risultante $\mathbf{R}$ (102) è un vettore a sua volta parallelo ai vettori dati, mentre il momento (103) $\mathbf{M}_i = (A_i - T) \wedge \mathbf{u}_i \quad i = 1, \ldots, n$ rispetto al polo T di ognuno dei vettori è ortogonale al vettore $\mathbf{u}_i$ e quindi alla direzione comune dei vettori ovvero a $\mathbf{R}$. Ovvero, detto $\mathbf{e}$ il versore nella direzione comune dei vettori $\mathbf{u}_i$, è

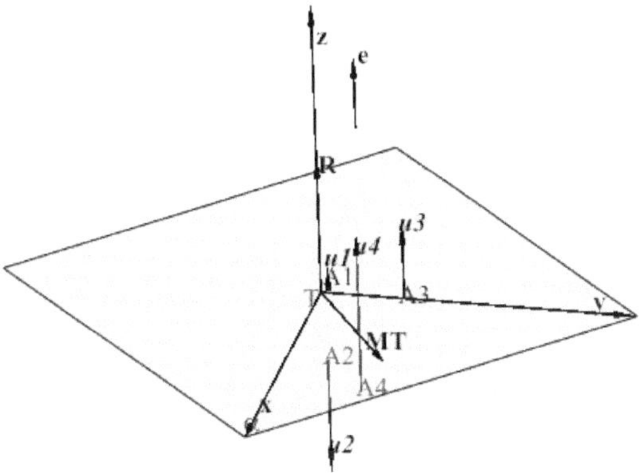

Fig. 39: Sistema di vettori paralleli

$$\mathbf{R} // \mathbf{e} \quad \mathbf{M}_T \perp \mathbf{e} \Rightarrow I = \mathbf{M}_T \cdot \mathbf{R} = 0 \tag{159}$$

Allora, per la (149), se $\mathbf{R} \neq \mathbf{0}$ il sistema di vettori paralleli è equivalente al proprio risultante $\mathbf{R}$ applicato in un punto dell' asse centrale, mentre se $\mathbf{R}=\mathbf{0}$, è equivalente solo ad una coppia di momento il momento risultante del sistema di vettori.

Anche in questo caso, come in quello del sistema piano di vettori, i criteri di equivalenza a **0** (zero, sistema di vettori equilibrato) si semplificano scalarmente. Infatti scelta una terna di assi ortogonali cartesiani con l' asse $z//\mathbf{e}$ si ha

$$\mathbf{R}=\begin{bmatrix}0 & 0 & R_z\end{bmatrix} \quad \mathbf{M}=\begin{bmatrix}M_x & M_y & 0\end{bmatrix} \tag{160}$$

e quindi il

*2.2.7.a.1. 1° criterio di equivalenza a **0** (zero, sistema di vettori equilibrato)*

(139) diventa

$$\begin{cases} R_z=0 \\ M_x=0 \\ M_y=0 \end{cases} \tag{161}$$

mentre per il

*2.2.7.a.2. 2° criterio di equivalenza a **0** (zero, sistema di vettori equilibrato)*

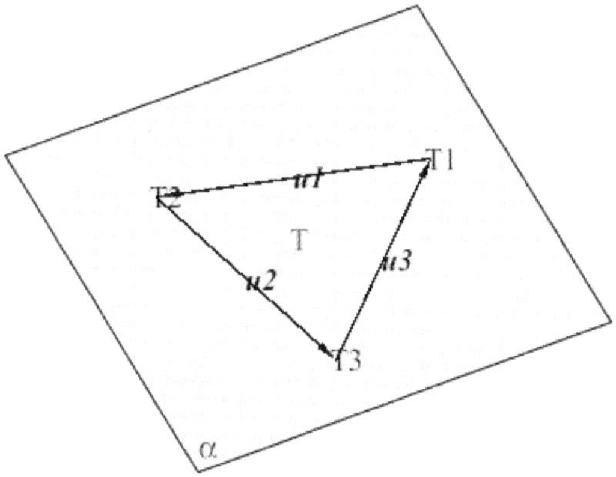

Fig. 40: Secondo criterio di equivalenza di sistemi di vettori applicati

(140) si osservi quanto segue (Fig. 40). Se i momenti risultanti di Σ rispetto ai 3 lati di un triangolo che giace in un piano non parallelo alle direzioni dei vettori del sistema sono nulli, allora sono nulli anche i momenti risultanti rispetto ai 3 vertici del triangolo. Cioè, dati 3 punti non allineati $T_i \quad i=1,2,3$ e non appartenenti ad un piano parallelo ai vettori, è $\mathbf{M}_{T_i}=\mathbf{0} \quad i=1,2,3$ se e solo se $M_{r_i}=0 \quad i=1,2,3$ in cui r_i sono le rette dei lati del triangolo $T_1\overset{\Delta}{T_2}T_3$.

Si dimostra prima l' implicazione nel verso seguente

$$\mathbf{M}_{T_i}=\mathbf{0} \quad i=1,2,3 \Rightarrow M_{r_i}=0 \quad i=1,2,3 \tag{162}$$

Si fissi un verso di percorrenza sul triangolo $T_1\overset{\Delta}{T_2}T_3$ mediante i versori $\mathbf{e}_i \quad i=1,2,3$. Ora è

$$\mathbf{M}_{T_1}\cdot\left(T_2-T_1\right)=0,\ \ \mathbf{M}_{T_2}\cdot\left(T_3-T_2\right)=0,\ \ \mathbf{M}_{T_3}\cdot\left(T_1-T_3\right)=0 \tag{163}$$

poiché, per ipotesi è $\mathbf{M}_{T_1} = \mathbf{M}_{T_2} = \mathbf{M}_{T_3} = \mathbf{0}$. Ora è :

$$(T_2 - T_1) = |T_1T_2|\mathbf{e}_1, \quad (T_3 - T_2) = |T_2T_3|\mathbf{e}_2, \quad (T_1 - T_2) = |T_2T_1|\mathbf{e}_3 \tag{164}$$

e quindi, sostituendo nella (163),

$$\begin{aligned}
&0 = \mathbf{M}_{T_1} \cdot (T_2 - T_1) = \mathbf{M}_{T_1} \cdot \mathbf{e}_1 |T_1T_2| = M_{r_1} |T_1T_2| \\
&\qquad \text{con } |T_1T_2| \neq 0 \Rightarrow M_{r_1} = 0 \\
&0 = \mathbf{M}_{T_2} \cdot (T_3 - T_2) = \mathbf{M}_{T_2} \cdot \mathbf{e}_2 |T_2T_3| = M_{r_2} |T_2T_3| \\
&\qquad \text{con } |T_2T_3| \neq 0 \Rightarrow M_{r_2} = 0 \\
&0 = \mathbf{M}_{T_3} \cdot (T_1 - T_3) = \mathbf{M}_{T_3} \cdot \mathbf{e}_3 |T_3T_1| = M_{r_3} |T_3T_1| \\
&\qquad \text{con } |T_3T_1| \neq 0 \Rightarrow M_{r_3} = 0
\end{aligned} \tag{165}$$

Si dimostra ora l' implicazione inversa

$$M_{r_i} = 0 \quad i = 1,2,3 \Rightarrow \mathbf{M}_{T_i} = \mathbf{0} \quad i = 1,2,3 \tag{166}$$

Poiché il momento di un vettore rispetto ad una retta è indipendente dal polo scelto su di essa, considerando l' ipotesi, si ha

$$\begin{aligned}
&\mathbf{M}_{T_1} \cdot (T_2 - T_1) = \mathbf{M}_{T_1} \cdot \mathbf{e}_1 |T_1T_2| = M_{r_1} |T_1T_2| = 0 \\
&\mathbf{M}_{T_1} \cdot (T_3 - T_1) = \mathbf{M}_{T_1} \cdot \mathbf{e}_3 |T_1T_3| = M_{r_3} |T_1T_3| = 0 \\
&\mathbf{M}_{T_1} \cdot \mathbf{e} = 0
\end{aligned} \tag{167}$$

Ora i 3 vettori $(T_2 - T_1)$, $(T_3 - T_1)$, $\mathbf{e}$, sono non complanari per ipotesi, e poiché, come si era dimostrato alla fine del paragrafo 1.2.7, condizione necessaria e sufficiente affinché un vettore sia nullo è che lo siano le sue componenti lungo 3 rette orientate non tutte parallele allo stesso piano, se ne deduce che $\mathbf{M}_{T_1} = \mathbf{0}$. Analogamente si procede per la dimostrazione che $\mathbf{M}_{T_2} = \mathbf{0}$ e $\mathbf{M}_{T_3} = \mathbf{0}$.

Pertanto il 2° criterio di equivalenza a 0 (zero, sistema di vettori equilibrato) di un sistema di vettori paralleli, può esprimersi nella maniera seguente

$$\Sigma \equiv 0 \ \left(\mathbf{u}_i // \mathbf{e} \ \forall i\right) \ \Leftrightarrow \ M_{r_j} = 0 \ \ j = 1,2,3 \quad r_j \in \alpha \not\parallel \mathbf{e} \tag{168}$$

2.2.7.b. Asse centrale di un sistema di vettori paralleli

Dato il sistema di vettori paralleli di direzione **e** (157) $\Sigma = \left\{\left(A_i, \mathbf{u}_i\right)\right\}_{i=1,..,n} = \left\{\left(A_i, f_i\mathbf{e}\right)\right\}_{i=1,..,n}$, il suo risultante è

$$\mathbf{R} = \sum_{i=1}^{n} \mathbf{u}_i = \sum_{i=1}^{n} f_i\mathbf{e} = f\mathbf{e} \ \text{ con } \ f = \sum_{i=1}^{n} f_i \tag{169}$$

L' equazione dell' asse centrale (124) diventa

$$\begin{aligned}(\Omega - O) &= \frac{\mathbf{R} \wedge \mathbf{M}_O}{R^2} + \mu\mathbf{R} = \\ &= \frac{1}{f^2} f\mathbf{e} \wedge \sum_{i=1}^{n}\left[\left(A_i - O\right) \wedge f_i\mathbf{e}\right] + \mu f\mathbf{e} \quad \forall \mu \in [-\infty, +\infty]\end{aligned} \tag{170}$$

Sviluppando il doppio prodotto vettoriale $f\mathbf{e} \wedge \sum_{i=1}^{n}\left[\left(A_i - O\right) \wedge f_i\mathbf{e}\right]$ (il cui ordine di moltiplicazione è ininfluente essendo il primo e l' ultimo vettore paralleli) secondo la (65), si ha

$$
\begin{aligned}
(\Omega - O) &= \frac{1}{f^2} f\mathbf{e} \wedge \sum_{i=1}^{n} \left[(A_i - O) \wedge f_i\mathbf{e} \right] + \mu f\mathbf{e} = \\
&= \frac{1}{f^2} \sum_{i=1}^{n} \left[f\mathbf{e} \wedge \left((A_i - O) \wedge f_i\mathbf{e} \right) \right] + \mu f\mathbf{e} = \\
&= \frac{1}{f^2} \sum_{i=1}^{n} \left[(f\mathbf{e} \cdot f_i\mathbf{e})(A_i - O) - \left(f\mathbf{e} \cdot (A_i - O) \right) f_i\mathbf{e} \right] + \mu f\mathbf{e} = \\
&= \frac{1}{f} \sum_{i=1}^{n} \left[f_i (A_i - O) - \left(\mathbf{e} \cdot (A_i - O) \right) f_i\mathbf{e} \right] + \mu f\mathbf{e} = \\
&= \frac{1}{f} \sum_{i=1}^{n} f_i (A_i - O) - \frac{\sum_{i=1}^{n} f_i (A_i - O) \cdot \mathbf{e}}{f} \mathbf{e} + \mu f\mathbf{e} \qquad \forall \mu \in [-\infty, +\infty]
\end{aligned}
\tag{171}
$$

e ancora

$$
\begin{aligned}
\Omega &= \frac{1}{f} \sum_{i=1}^{n} f_i A_i - \left(\frac{\sum_{i=1}^{n} f_i (A_i - O) \cdot \mathbf{e}}{f} + \mu f \right) \mathbf{e} = \\
&= C + \Phi(\mu)\mathbf{e} \qquad \forall \mu \in [-\infty, +\infty]
\end{aligned}
\tag{172}
$$

La (172) definisce l' asse centrale come l' insieme dei punti Ω, ottenuti al variare di μ, come somma del punto

$$
C = \frac{1}{f} \sum_{i=1}^{n} f_i A_i \,, \tag{173}
$$

e del vettore $\Phi(\mu)\mathbf{e}$, di direzione $\mathbf{e}$ (che è anche la direzione del risultante $\mathbf{R}$ di Σ), e modulo

$$\Phi(\mu)=\frac{\sum_{i=1}^{n} f_i (A_i - O)\cdot \mathbf{e}}{f}+\mu f \quad \forall \mu \in [-\infty,+\infty] \tag{174}$$

2.2.7.c. Centro di un sistema di vettori paralleli

Si osservi allora che, se si considera, a partire dal sistema di vettori paralleli $\Sigma=\{(A_i, f_i\mathbf{e})\}_{i=1,..,n}$ di direzione $\mathbf{e}$, un nuovo sistema di vettori paralleli $\Sigma'=\{(A_i, f_i\mathbf{e}')\}_{i=1,..,n}$ di direzione $\mathbf{e}'$, ottenuto cioè dal precedente ruotando i vettori di Σ dello stesso angolo ϑ ognuno intorno al suo punto di applicazione, questo avrà l'asse centrale passante ancora per il punto C dato dalla (173), e direzione $\mathbf{e}'$, ruotata cioè anch'essa dell'angolo ϑ intorno a C. Ciò si può esprimere anche dicendo che, per un certo sistema di vettori paralleli, c'è un punto C dell' asse centrale che non cambia in qualsiasi rotazione dei vettori (intorno ai propri punti di applicazione) che li mantenga paralleli. Per questo motivo il punto C si definisce centro del sistema di vettori paralleli.

Si consideri allora il punto Ω dell' asse centrale che coincide con C, per il quale cioè nella (172) μ assume il valore μ^* per cui è $\Phi(\mu^*)=0$. Tale condizione nella (174) fornisce $\mu^* = \frac{1}{f^2}\sum_{i=1}^{n} f_i (A_i - O)\cdot \mathbf{e}$ e, dalla (173)

$$(C-O)=\frac{1}{f}\sum_{i=1}^{n} f_i (A_i - O) \tag{175}$$

Si può passare alla rappresentazione cartesiana della (175), definite nel modo seguente le coordinate cartesiane del centro C e dei punti di applicazione A_i dei vettori paralleli in un certo sistema di riferimento $Oxyz$

$$\begin{aligned} C &= [x_C \quad y_C \quad z_C]^T \\ A_i &= [x_i \quad y_i \quad z_i]^T \quad \forall i = 1,\ldots,n \end{aligned} \tag{176}$$

Proiettando infatti la (175) sugli assi, si ha

$$x_C = \frac{1}{f}\sum_{i=1}^{n} f_i x_i \quad y_C = \frac{1}{f}\sum_{i=1}^{n} f_i y_i \quad z_C = \frac{1}{f}\sum_{i=1}^{n} f_i z_i \tag{177}$$

Da queste relazioni si vede che se il sistema di vettori paralleli è costituito da vettori aventi i punti di applicazione A_i tutti in uno stesso piano, anche il centro C sarà in tale piano. Infatti, se per esempio tale piano fosse π_{xy}, le coordinate dei punti A_i nella (176) sarebbero

$$\begin{aligned} C &= [x_C \quad y_C \quad z_C]^T \\ A_i &= [x_i \quad y_i \quad 0]^T \quad \forall i = 1,\ldots,n \end{aligned} \tag{178}$$

e, dall' ultima delle (177) si avrebbe $z_C = \frac{1}{f}\sum_{i=1}^{n} f_i \cdot 0 = 0$. In maniera analoga si dimostra che se i punti A_i giacciono tutti su una retta r anche il centro C giace su r.

Inoltre, se si moltiplicano tutti i vettori $\mathbf{u}_i$ di Σ (157) per uno stesso scalare m, per il nuovo sistema di vettori paralleli $\Sigma' = \{(A_i, mf_i\mathbf{e})\}_{i=1,..,n}$ che si ottiene, il centro C rimane lo stesso. Infatti, dalla (175) si avrebbe

$$(C'-O) = \frac{1}{\not{m} f}\sum_{i=1}^{n} \not{m} f_i (A_i - O) = (C-O) \tag{179}$$

2.2.7.c.1. Proprietà distributiva del centro

Nel calcolare il centro di un sistema di vettori paralleli è lecito sostituire una parte del sistema con il relativo risultante applicato nel relativo centro. Cioè, dato il sistema Σ (157) $\Sigma = \{(A_i, \mathbf{u}_i)\}_{i=1,..,n} = \{(A_i, f_i\mathbf{e})\}_{i=1,..,n}$ di vettori paralleli, di risultante $\mathbf{R}$ dato dalla (169) e centro C dato dalla (175), si consideri ad esempio il sottoinsieme di Σ costituito dai primi n' vettori con $n' < n$, di risultante $\mathbf{R}'$ e centro C'; in simboli

$$\Sigma = \{(A_i, \mathbf{u}_i)\}_{i=1,..,n'} \; n' < n \quad \mathbf{R'} = \sum_{i=1}^{n'} \mathbf{u}_i \quad (C'-O) = \frac{1}{f'}\sum_{i=1}^{n'} f_i (A_i - O) \tag{180}$$

Allora il sistema

$$\Sigma^* = \left\{ (C', \mathbf{R}'), \left\{ (A_i, \mathbf{u}_i) \right\}_{i=n'+1,..,n} \right\} \tag{181}$$

ha lo stesso centro C di Σ. Infatti, dalla (175) applicata a Σ^* si ha

$$\begin{aligned} (C^* - O) &= \frac{1}{f}\left[f'(C' - O) + \sum_{i=n'+1}^{n} f_i (A_i - O) \right] = \\ &= \frac{1}{f}\left[\sum_{i=1}^{n'} f_i (A_i - O) + \sum_{i=n'+1}^{n} f_i (A_i - O) \right] = \\ &= \frac{1}{f} \sum_{i=1}^{n} f_i (A_i - O) = (C - O) \end{aligned} \tag{182}$$

2.2.7.c.2. Determinazione del centro di un sistema di 2 vettori paralleli

Sia assegnato il sistema di 2 vettori paralleli

$$\Sigma = \left\{ (A_1, \mathbf{u}_1), (A_2, \mathbf{u}_2) \right\} = \left\{ (A_1, f_1 \mathbf{e}), (A_2, f_2 \mathbf{e}) \right\} \tag{183}$$

Il centro C del sistema si troverà sulla retta comune ai punti di applicazione dei vettori A_1 e A_2, come si è detto nel paragrafo precedente, per un sistema di vettori applicati tutti su una retta.

Si vuole adesso stabilire se C è interno o esterno al segmento $A_1 A_2$. Dalla (175) si ha

$$(C - O) = \frac{1}{f}\left[f_1 (A_1 - O) + f_2 (A_2 - O) \right] \tag{184}$$

da cui

$$f(C-O)=\left[f_1(A_1-O)+f_2(A_2-O)\right] \tag{185}$$

con O punto arbitrario. Se si sceglie allora $O \equiv C$, dalla (185) si ha $f_1(A_1-C)=-f_2(A_2-C)$, e quindi

$$\frac{A_1-C}{A_2-C}=-\frac{f_2}{f_1} \tag{186}$$

Allora, se i vettori $\mathbf{u}_1$ ed $\mathbf{u}_2$ sono concordi, è $\frac{f_2}{f_1}>0$, e quindi $\frac{A_1-C}{A_2-C}<0$ e poiché (A_1-C) e (A_2-C) hanno entrambi origine in C, saranno discordi, ovvero C è interno ad A_1A_2.

Viceversa se $\frac{f_2}{f_1}<0$, cioè per $\frac{A_1-C}{A_2-C}>0$ C è esterno a A_1A_2.

Indice analitico

A

C

D

E

M

O

R

S

T

V

Bibliografia

- *Levi Civita Amaldi* — *Compendio di Meccanica Razionale vol. 1 – parte prima* Zanichelli 1928
- *Stoppelli F.* — *Lezioni di meccanica razionale* – Liguori ed. Napoli 1976
- *Appunti dalle lezioni di meccanica razionale del Prof. P. Renno* – Napoli 1981

www.ingramcontent.com/pod-product-compliance
Lightning Source LLC
Chambersburg PA
CBHW072234170526
45158CB00002BA/895
* 9 7 8 1 2 9 1 7 2 5 4 7 6 *

www.ingramcontent.com/pod-product-compliance
Lightning Source LLC
Chambersburg PA
CBHW072234170526
45158CB00002BA/895
* 9 7 8 1 2 9 1 7 2 5 4 7 6 *